LA DÉPOPULATION

—

Sa Cause — Son Remède

8.L 31
256

CAUSE

VRAIE, UNIQUE, NATURELLE ET PRIMORDIALE

de la

DÉCADENCE, de la DÉPOPULATION

et de la

DÉGÉNÉRESCENCE DES RACES

ANALOGIE DE L'ŒUF OVIPARE ET DE L'ŒUF MAMMIFÈRE

Mêmes Causes — Mêmes Effets
Mêmes Remèdes

par le Baron PAUL D'AUDIFFRET

AVICULTEUR-ZOOLOGISTE

ÉDITIONS DE LA REVUE CONTEMPORAINE

PARIS

53, Boulevard du Montparnasse (VI⁰ Ar.)

Tous droits de reproduction et de traduction réservés pour tous pays

PRÉFACE

« .... deux Français lorsqu'il n'en naît
« qu'un ; et si cet état de choses ne devait pas
« s'améliorer, d'ici un siècle, le dernier Français
« serait mort sur la terre de France ! »

Pourquoi ? — La réponse est ici.

Je soutiens, j'affirme, je certifie et je démontre
que :

1° Jamais, non jamais ! la France ne se repeu-
plera en race française, si les vérités naturelles de
cet ouvrage ne sont promulguées dans tous les
intérieurs honnêtes ;

2° Dix mois après la divulgation de ces lois
fondamentales de la nature, la France constatera
une recrudescence formidable de naissances de sujets
sains et vigoureux ;

3° Que nul n'a le droit de se targuer de sa qualité
de citoyen français, s'il va jusqu'à vouloir ignorer
la vraie cause de la dépopulation.

BIBLIOTHÈQUE NATIONALE / R. F.

Structure
de l'OEuf de la Poule

Il est absolument indispensable à toute personne s'occupant d'aviculture de connaître la structure de l'œuf, afin de comprendre les phénomènes qui s'y produisent, et d'apprécier leurs conséquences.

L'enveloppe de l'œuf est constituée par une matière calcaire, dénommée *coquille*. Cette coquille est munie d'une membrane assez fine, qui lui sert de doublure intérieure, et qu'on appelle *chorion*.

A l'instant où l'œuf vient d'être pondu, la coquille est complètement pleine, et le chorion est en contact direct avec toute la surface interne de la coquille.

En vieillissant, et particulièrement durant l'incubation, cette membrane coquillière (ou chorion) se dédouble vers le gros bout et forme la *chambre à air*.

A l'intérieur de cette membrane se trouve l'albumine, ou *blanc d'œuf*, qui possède un degré de solidité d'autant plus grand qu'il se rapproche du chorion. La partie d'albumine la plus proche du jaune est quasi fluide.

Ce fait tient à ce que tout corps, si petit soit-il, concentre la chaleur, et que cette chaleur, interne et centrale, en rayonnant réchauffe progressivement les autres parties du corps. Le phénomène principal, dû à la chaleur, est la dilatation des corps qu'elle approche, leur désagrégation et leur liquéfaction.

Cette différence *constitutionnelle* de densité progressive de l'albumine de l'œuf est donc une preuve indéniable de l'excessive sensibilité de cette albumine ; cette sensibilité engendre son extrême fragilité ; fragilité d'autant plus grande que la densité de l'albumine est moindre.

Au centre, nous trouvons le jaune, ou *vitellus*, qui est séparé de l'albumine par une membrane, dite *vitelline*. Cette membrane vitelline, sorte de sac, entourant le jaune, dénommé vitellus, est maintenue en suspension au centre de l'œuf, par deux cordons, de matière albumineuse, extrêmement fragiles, dénommés *chalazes*.

Ce seul fait d'être dans un milieu ambiant, de même matière et de même densité progressive, augmente proportionnellement la fragilité des chalazes, étant donné surtout qu'ils supportent le poids du vitellus.

Le vitellus, ou jaune d'œuf, sert de nourriture à l'embryon, au fœtus, et au poussin, pendant l'incubation, et pendant les trois premiers jours d'existence. Chez les mammifères, le sujet qui vient de naître est *aussi* gavé pour trois jours à son entrée au monde. La montée de lait, chez la femme et chez les femelles, ne se produit jamais avant le troisième jour.

Le chorion empêche tout contact de l'albumine avec l'air extérieur et celui de la « chambre à air ».

On distingue sur la surface de la membrane vitelline un point blanchâtre, qu'on appelle la *cicatricule*, et qui renferme en son centre un point, dénommé la *vésicule germinative*. C'est de cette cicatricule que proviennent les couches de *blastoderme*, qui s'élèvent autour du germe, et qui formeront un petit sac, nommé *amnios*, dans lequel l'embryon restera enfermé tout le temps de l'incubation.

L'amnios est complètement refermé sur le germe, à partir de la fin du troisième jour de l'incubation. C'est à ce moment qu'apparaît la membrane appelée *Allantoïde*, dont les fonctions sont : d'aspirer l'oxygène extérieur par l'intermédiaire de la « chambre à air », pour permettre à l'embryon de respirer dans son amnios et de repousser au dehors de l'œuf, par le même chemin, l'acide carbonique produit par le poussin en formation.

L'allantoïde est une sorte de canalisation entre la « chambre à air » et les organes respiratoires de l'embryon. C'est à partir de son entrée en fonctions que l'oxygène, pénétrant dans les vaisseaux sanguins de l'embryon, fait apparaître la fameuse *toile d'araignée*, que l'on constate au premier mirage d'œufs en incubation, en rougissant le liquide encore incolore y contenu.

Le dédoublement du chorion vers le gros bout, pour la formation de la « chambre à air », a pour but de faciliter l'entrée de l'air extérieur dans l'œuf. Et l'allantoïde, en conduisant l'air de la « chambre à air » aux organes respiratoires, en traversant l'albumine, a pour but d'empêcher le contact de l'air avec l'albumine.

ŒUFS A COUVER

Dans toute production animale, l'axiome : « Tel père, tel fils » est vrai. C'est le point capital primordial et essentiel de tout élevage. Il est donc logique et sensé de ne pas mettre en incubation des œufs autres que ceux provenant de reproducteurs et de pondeuses d'un état de santé parfaite et de constitution rustique, robuste et vigoureuse.

Les œufs hardés et les œufs à double jaune sont évidemment à écarter de toute incubation.

En outre, *un œuf destiné à être couvé ne doit jamais ni être secoué, ni être placé ou tenu, même durant l'espace de temps le plus court, dans une position perpendiculaire ou anormale.*

En pareils cas, il est physiquement assuré de la non-éclosion, ou de la très mauvaise éclosion.

La position normale d'un tel œuf est la position « couchée ».

Un œuf germé, destiné à être couvé, doit toujours rester dans sa position normale, depuis l'instant où il est pondu, jusqu'au moment de l'éclosion, si l'on veut avoir un bon résultat.

On sait que le sac vitellin est suspendu, au milieu de l'œuf, par les chalazes, pour pouvoir permettre à l'embryon de croître sans être gêné par la paroi coquillière. Il est donc de toute importance que les chalazes ne se rompent pas, sinon le poids du jaune entraînera une chute fatale et néfaste, dans la partie d'albumine la plus dense, contre le chorion, et dans un temps plus ou moins court, il y a collage.

Gêné dans son évolution, le travail embryonnaire cessera complètement, ou se continuera dans les conditions les plus désastreuses.

Une distension trop grande des deux chalazes, ou même seulement d'un seul chalaze, occasionnera un travail embryonnaire défectueux, par suite de la fausse position du sac vitellin, et de sa suspension anormale.

Un membre ou un organe du fœtus sera infailliblement lésé, et plus le travail embryonnaire s'avancera, plus le sac vitellin, dont le poids augmente, se rapprochera de la paroi coquillière. Le poids du sac vitellin augmente parce que le fœtus croît, et, au fur et à mesure de sa croissance, le fœtus dégage de plus en plus de chaleur. Aussi, bien avant le terme fixé par la nature, l'amnios entrera en contact direct avec le chorion. Ce contact sera d'autant plus étroit que le poids du sac vitellin sera plus grand (par suite de la croissance du fœtus), et que la chaleur, dégagée par le fœtus, et qui augmente aussi proportionnellement à la croissance du fœtus, provoque une désagrégation des molécules chalaziennes de plus en plus grande.

Amnios et chorion baignent dans l'albumine. Or, qu'est-ce que le blanc d'œuf ? — C'est l'albumine. — La colle industrielle, si elle est de bonne qualité, contient une forte proportion de blanc d'œuf. Les meilleures colles en possèdent parfois 85 0/0.

Ceci dit en passant, je ne puis que vous présenter un timbre-poste. Vous l'humectez et l'apposez sur une enveloppe. Il s'y colle d'autant plus instantanément que vous l'aurez humecté juste ce qu'il faut et que la pression que vous exercerez sera tempérée.

Comprenez-vous dès lors que l'amnios et le chorion se colleront ? — Que le travail embryonnaire sera, sinon arrêté, du moins tel que le sujet sera lésé avant sa formation complète ?

Je prétends que le *coït en état de gestation* produit des résultats analogues.

D'où proviennent donc ces descentes de matrice,

ces cordons brisés, ces matrices retournées, ces déplacements anormaux, que nul ne veut expliquer ? — Le secret professionnel est-il pour quelque chose dans ce mutisme ? — Il est, en quelque sorte, complice de la dépopulation ; car il laisse croître la mauvaise herbe de l'ignorance. — N'y a-t-il pas de quoi bondir quand, devant tous les cas qui se présentent, les docteurs les plus éminents, et les sages-femmes les plus expérimentées, hochant de la tête et se grattant l'oreille, ont l'air de dire : « *Inexplicable ! C'était écrit !* ».

Et c'est là, cependant, que passe le déficit annuel de 480.000 naissances sur le chiffre des décès ! — C'est de là que proviennent, non seulement les fausses-couches, les avortements « *inexplicables* » et les morts-nés, mais aussi tous les sujets chétifs, malingres, estropiés et prédisposés à la tuberculose et à toutes les maladies.

Pourquoi l'analyse des urines des femmes enceintes, pour vérifier s'il n'y a pas pertes d'albumine !... si elle n'a pas sa raison d'être ?

Considérons un *œuf emballé perpendiculairement* ; ce qui se pratique quotidiennement dans le commerce.

Dans cette position, le chalaze supérieur supporte tout le poids du sac vitellin et est exposé d'autant plus facilement à la rupture qu'il y aura choc, soubressaut et secouement.

Le chorion n'étant pas entamé, l'albumine restera dans toutes ses parties, en son état primitif.

La tension du chalaze considéré engendre une chaleur d'autant plus forte que cette tension se produit plus près du poids soutenu. — La chaleur croissant dans un rapport directement proportionnel au travail dû à la pesanteur, ce sera au point de raccord du chalaze avec le sac vitellin que cette augmentation de chaleur aura lieu avec le plus d'intensité. — D'après la structure même de l'œuf, c'est justement à cet endroit que l'albumine subit davantage l'influence de la chaleur interne et propre de l'œuf. Cette augmentation de chaleur intempestive, si infime soit-elle, est relativement considérable sur un point aussi sensible, surtout étant donné l'état moléculaire même de l'albumine dans l'œuf; — aussi, la désagrégation de ses molécules est la conséquence infaillible qui va assurer la rupture du chalaze.

Si, à ce moment, il survient le moindre ébranlement de l'œuf, ne serait-ce que pour remettre l'œuf dans sa position normale (couchée), les molécules désagrégées subiront la loi du mouvement relatif des corps, et la rupture est réalisée.

Dans le cas où, *l'œuf restant perpendiculaire et au repos*, il n'y aura aucune force agissant sur lui, la rupture n'en est pas moins assurée ; car, le poids du vitellus, en *continuant* sa tension sur le chalaze supérieur toujours dans le même sens, finira, à la longue, par disjoindre les molécules déjà désagrégées de l'albumine de ce chalaze, dans un temps relativement court, et précipitera la masse en suspens contre la paroi inférieure de la coquille, écrasant le chalaze inférieur et provoquant un collage anticipé.

L'œuf agité horizontalement verra ses deux chalazes subir successivement les mêmes phénomènes que dans le cas de l'œuf perpendiculaire, et les deux chalazes se rompront.

L'œuf horizontal et au repos, pendant une longue période de temps, aura ses deux chalazes supportant une tension, *continue et dans le même sens*, due à la pesanteur (poids du sac vitellin). Ceux-ci se distendront et le sac vitellin ne restera pas à sa position normale, primitive et naturelle. Il tendra vers la paroi coquillière inférieure.

Le phénomène est si réel que, durant l'incubation, l'œuf, qui est soumis à la chaleur de la poule, sera instinctivement retourné par celle-ci, deux fois par jour : pour que la tension des chalazes ne soit pas continue et dans le même sens durant l'immobilité de l'œuf, sous l'action du poids du sac vitellin ; pour que les molécules de ses chalazes ne se désagrègent pas ; que ces chalazes restent solides et ne s'allongent pas, et que le sac vitellin, restant placé normalement, permette au travail embryonnaire d'évoluer sans gêne et sans entrave.

La poule, qui est poussée par le besoin de couver, cache, toutes les fois qu'elle le peut, les œufs qu'elle pond quotidiennement, et ne se place sur ses œufs réunis que lorsqu'elle a pondu le nombre d'œufs qu'elle a l'intention de couver. Depuis le jour où elle a pondu le premier œuf jusqu'à celui où elle a pondu tous ses œufs à couver, elle se rend *tous les jours* à sa cachette, non pas seulement pour pondre un nouvel œuf (puisque les jours où elle ne pond pas, elle y retourne aussi), *mais pour retourner sur place les œufs déjà pondus.*

Voilà la raison pour laquelle les poules ont une sorte de répugnance très marquée à couver les œufs qu'une main étrangère leur apporte. Méfiance peu flatteuse pour l'Humanité, car la poule semble considérer comme les êtres les plus déraisonnables ceux qui prétendent être les seuls raisonnables ! N'ont-elles pas raison ? Et que de fois n'ai-je pas entendu les accouveurs se lamenter devant leurs couveuses artificielles, en disant : « Les poussins les plus rustiques et les plus vigoureux sont ceux provenant des œufs que la poule pond en cachette et a couvés en cachette. D'où cela vient-il, car elles n'ont jamais de non-éclos ni d'estropiés ?... »

Voilà la raison pour laquelle les ovipares, qui couvent eux-mêmes leurs œufs, abandonnent leur couvée, si jamais une main étrangère dérange leurs œufs durant l'incubation (poules, perdrix, moineaux, hirondelles, etc...).

Les aquatiques, tels les canards, donnent des œufs dont l'albumine est beaucoup plus dense ; aussi leurs œufs sont-ils beaucoup moins fragiles.

Les ovipares préfèrent ne pas avoir de petits que de les avoir estropiés, chétifs et malingres. Ils comprennent que leurs petits doivent être armés pour la vie, et qu'il vaut mieux avoir le respect des lois régissant les phénomènes naturels que de prétendre, dans un sot orgueil, vouloir commander à la nature.

Quel est celui qui a trouvé, dans un œuf dur, le jaune à sa position normale ?

On conçoit parfaitement que la moindre trépidation exerce une influence si désastreuse, quand on se rend compte de la sensibilité de l'albumine, « *en cassant un œuf dans une assiette* ».

La partie là plus fluide de l'albumine, qui se trouvait la plus proche, déborde et entoure immédiatement la partie d'albumine la plus compacte qui se trouvait à proximité du chorion. On aperçoit aussitôt l'albumine la plus consistante fondre au contact de la chaleur environnante de l'albumine la plus liquide et de celle du sac vitellin.

Cette fragilité des chalazes est tellement reconnue que les fabricants de couveuses artificielles conseillent, pour l'installation d'un couvoir, de choisir un emplacement éloigné de toute trépidation, écarté des routes fréquentées, des usines, etc... A plus forte raison, si de telles précautions sont nécessaires pour un œuf couché, au repos, dans un tiroir de couveuse, ne doit-on pas mettre en incubation des œufs ayant voyagé en voiture, en brouette, en chemin de fer, ou en automobile !

Dans l'incubation artificielle, il arrive constamment que les accouveurs, pour tourner leurs œufs, les font pivoter sur le petit bout. C'est un grand tort et une faute grave ! Pourquoi ne pas les faire rouler sur place ? Pourquoi, pour le mirage des œufs, tient-on ces œufs perpendiculairement au lieu de les tenir horizontalement ? Comment ne se rend-on pas compte que si la nature a donné sa forme à l'œuf, c'est qu'il y avait une raison naturelle ?

On ne se plaindrait plus d'œufs germés dont l'évolution embryonnaire a été arrêtée dans son cours. Ne sachant à qui s'en prendre, on parle de dessication des œufs ou de poussins noyés, pour accuser injustement les appareils et l'état hygrométrique de l'air !

Les mauvais ouvriers se plaignent toujours de leurs outils. L'humanité, avec sa tuberculose, s'agite de même en discours, congrès et œuvres de toutes sortes, sans même vouloir raisonner ; mais, n'a-t-on pas dit quelque part que l'Enfer est pavé de bonnes intentions ?

Conclusion. — Il ne faut jamais mettre à couver des œufs ayant voyagé autrement que dans un panier, tenu à la main, par une personne allant à pied posément, et n'ayant jamais été placés dans une position anormale, car il est physiquement et matériellement impossible qu'il n'y ait pas rupture dans un chalaze au moins, ou distension anormale d'un chalaze, à l'intérieur d'un œuf, soumis à une trépidation quelconque, ou placé, même momentanément, dans une position anormale.

L'Exception. — Plus la poule pondeuse est forte, vigoureuse et sanguine, plus l'albumine de l'œuf sera dense. Et plus l'albumine de l'œuf fécondé sera dense, plus grandes seront les chances d'avoir une évolution embryonnaire, s'accomplissant dans les meilleures conditions ; et le poussin à naître sera d'autant plus fort, robuste, vigoureux et sanguin.

Sans entrer dans des détails physiologiques, ce fait peut être constaté à l'éclosion d'une couvée, en contrôlant les soi-disant noyés et les soi-disant desséchés, si on a eu soin de marquer la provenance des œufs.

Les personnes qui mettent une barre de fer, les jours d'orage, au milieu des œufs en incubation, avec la conviction que la foudre et l'électricité de l'air ont une influence néfaste sur l'éclosion, auraient avantage à examiner l'état hygrométrique de l'albumine des œufs non éclos. Elles constateraient que les œufs à poussins desséchés sont des œufs à albumine dense, et provenant des poules les plus vigoureuses. Elles constateraient que les poussins qui écloront, proviennent (par une sorte de contradiction qui n'existe pas réellement) d'œufs de poules chétives, et dont la densité de l'albumine est très faible. Elles comprendraient qu'il suffit, dans les temps lourds et chargés, d'enlever la poule couveuse de dessus ses œufs, dans l'incubation naturelle (en liberté, les ovipares se lèvent *toujours* de leurs œufs, dans de tels moments), et de sortir les tiroirs d'œufs à l'air, dans l'incubation artificielle.

Chez les mammifères, la perte d'humidité est compensée par la nature de la personne ou de la femelle en gestation, qui reste en contact direct et permanent avec l'embryon ; chez les ovipares, l'œuf ne récupèrera jamais l'humidité perdue.

Comprenez-vous maintenant l'importance de l'albumine dans la reproduction des ovipares et des mammifères ? Comprenez-vous que les accoucheurs s'inquiètent chez les femmes de ces pertes d'albumine, constatées dans les urines, et qu'ils prescrivent des régimes spéciaux aux femmes enceintes dont les urines sont chargées d'albumine ? Cette déperdition leur faisant pressentir une mauvaise gestation.

Ils n'ont pas à s'inquiéter de l'humidité, la femme et le fœtus ne formant qu'un seul et même tout.

Combien nombreux sont ceux qui n'ont jamais observé de près la nature et s'imaginent qu'entre tous les animaux et toutes les plantes, il existe une différence complète ! Il ne peut cependant être fait de démarcation bien nette entre les deux, et les phénomènes produits par les *étamines*, les *anthères* et le *pollen* avec le *pistil*, le *stigmate* et les *ovules*, phénomènes protégés par la *corolle* et le *calice*, sont analogues à ceux constatés en zoologie. A plus forte raison peut-on et doit-on comparer les ovipares, les mammifères et les ovovivipares.

L'examen de l'albumine de l'œuf provenant d'une poule forte, vigoureuse et sanguine, a démontré sa forte densité. Dès lors, il peut arriver que, par suite de la forte densité de l'albumine d'un tel œuf, il n'y ait pas rupture complète de chalaze, après un voyage ayant bousculé l'œuf ; mais il y aura toujours une distension de chalaze plus ou moins forte.

Ce phénomène se produira dans des *cas exceptionnels*. *Mais,* quel produit chétif, malingre, maladif ou estropié n'aura-t-on pas ?! !

Après une telle épreuve, après un travail embryonnaire, gêné et entravé dans son évolution, espérer obtenir un sujet robustement constitué est un manque de logique complet. Le poussin, ainsi obtenu, arrivera parfois au premier becquage, et s'épuisera en vains efforts pour sortir. L'aider à sortir, c'est de l'enfantillage pur, car il n'aura pas la force de vivre. Casser sa coquille, c'est tout ce dont il sera capable ; par le trou, par la brèche qu'il aura faite, l'air va entrer avec violence, et la ventilation va faire sécher l'albumine sur le corps du pauvre petit. Le chorion et l'amnios, se collant sur lui, l'immobiliseront.

Si le travail embryonnaire s'était effectué normalement, il serait terminé, et il n'y aurait plus d'albumine dans la coquille : albumine liquide qui le noye ; albumine très dense qui le colle.

L'heure fixée par la nature étant arrivée, le poussin tente de sortir, s'il en a la force. Le poussin *doit sortir seul*, et sans aide. Il faut absolument laisser les phénomènes naturels se produire seuls. Le travail de sortie de l'œuf n'étant pas terminé, on peut constater encore sur la partie supérieure du bec et à son extrémité, la minuscule aspérité de matière cornue, qui y est encore adhérente. C'est cette aspérité qui aide le poussin à faire son ouverture pour sortir. Elle tombe d'elle-même aussitôt qu'elle n'a plus sa raison d'être. Elle constitue une « *pièce à conviction* ».

Combien nombreux sont ceux qui mourront en

coquille, sans même avoir eu la force de faire la moindre brèche ! *Voilà les morts-nés, et les morts en voyant le jour !*

Admettons que le poussin puisse sortir ; il supportera mal l'existence. Quatre-vingt-dix fois sur cent, il succombera dans les dix premiers jours ; et la déception sera d'autant plus vive et les regrets plus amers, que l'on aura souhaité davantage avoir une race spéciale, sans compter que souvent on aura payé fort chers, et fait venir de très loin les œufs qui auront causé la désillusion.

Admettons la rarissime exception, et qu'on parvienne à faire vivoter un sujet éclos dans des conditions aussi désastreuses. *Qu'obtiendra-t-on ?* Un sujet souffreteux, malingre, chétif, enclin à toutes les maladies, et qui offrira un terrain extra-propice à toutes les infections et aux épidémies de toutes sortes. Il attirera sur toute la basse-cour les fléaux les plus pernicieux : coryza, gale, ophtalmie, diphtérie, etc... Ce poussin ne sera pas encore emplumé à l'âge de deux mois. N'étant pas vendable à trois mois et demi pour la table, le destinerait-on par hasard à la *Reproduction ?!*

N'est-il pas logique, si l'on veut avoir des produits d'une race déterminée, de faire venir le coq reproducteur et la poule pondeuse de l'espèce convoitée, de leur faire produire des œufs germés sur place, et aussi de ne pas troubler les matières intérieures de l'œuf que l'on veut faire couver. Nous disons de faire venir le coq. car un cochage suffit pour faire germer 8 ovules au maximum de la grappe ovarienne, et que si l'on veut faire couver 10, 12 ou 14 œufs, il faut un cochage nouveau, après l'évacuation des premiers œufs, pour avoir de nouveaux œufs germés.

Saints Thomas du monde entier ! *Vérité Avicole* était la lutte d'un homme seul contre toutes les autorités, sociétés et feuilles avicoles des deux continents. Relisez et constatez ensuite les faits par vous-mêmes ; puis, ouvrez le *Chasseur Français*, *l'Acclimatation*, etc. ; feuilletez les pages (parfois 25 ou 28) de réclames pour les œufs dits « *œufs à couver* ». Peut-être finirez-vous par reconnaître l'évidence ?

Nierez-vous aussi que la grêle, tombant dans un vignoble, puisse anéantir la récolte ? Nierez-vous aussi que le vent violent, la tempête, la bourrasque, au moment où les arbres fruitiers sont en fleurs, provoquent la disette des fruits ?

Décadence — Dépopulation Dégénérescence

Toutes les vérités peuvent et doivent être dites, mais il faut savoir les dire.

Mieux vaut la Vérité la plus dure, que le Doute qui ronge et le Mensonge qui tue ; car, l'homme courageux peut y faire face résolument.

Le Malfaiteur seul craint la manifestation de la Vérité.

Virtus omni obice major !

PAUL D'AUDIFFRET.

Ah ! certes ! tous les moyens préconisés pour lutter contre la dépopulation, la tuberculose et l'alcoolisme, pour encourager la maternité et favoriser les naissances, pour protéger le plus efficacement possible, la mère et l'enfant, ne méritent que des approbations unanimes et des encouragements *effectifs*, car le mal existe. Il faut donc l'enrayer, l'atténuer et essayer de le guérir ; *mais,* ne vaut-il pas mieux prévenir le mal que d'attendre pour le soigner, qu'il se soit développé de manière inquiétante ; et ne paraît-il pas à tout esprit sain et réfléchi, que ce n'est que folie de se lamenter devant le mal, que ce n'est qu'hypocrisie d'essayer de le guérir, *alors qu'on fait tout pour que le mal continue à se reproduire !* Il n'y a pas de pire sourd que celui qui ne veut pas entendre ; et il n'y a pas de pire aveugle que celui qui ne veut pas voir. Un grand philosophe des temps passés écrivait : « *Erat lux vera, quæ illuminat omnem hominem venientem in hunc mundum…, et mundus eum non cognovit !* » La lumière éclatante de la Vérité crève les yeux de l'Humanité, et celle-ci s'obstine opiniâtrement, malgré l'évidence des faits, à ne pas vouloir la connaître. Pourquoi l'Humanité persiste-t-elle toujours, malgré les preuves matérielles les plus tangibles, à s'insurger magistralement contre les lois naturelles, contre l'intérêt public, contre elle-même ?

O stupeur d'assister perpétuellement, dans la suite des temps, à ce suicide, constant et périodique, de certaines races de l'Humanité ! *L'intérêt national*, l'intérêt de la repopulation en race française, exige que la France prenne contact avec la réalité, et que personne n'étouffe la Vérité, d'où qu'elle vienne. Ceux qui ont la situation et l'autorité voulues pour la faire éclater commettent un crime quand ils la laissent dans l'ombre, et la dernière des infamies quand ils l'étouffent.

Oui, certes ! accorder des allocations aux mères allaitant leurs enfants ; le rétablissement des tours ; instituer des allocations de gestation et d'allaitement ; l'hospitalisation des filles-mères ; la création des maternités-ouvroirs ; la création d'un institut national de la natalité française ; toutes les initiatives prises pour enrayer, soulager et guérir la tuberculose et toutes les maladies infantiles : *c'est bien ! c'est très bien ! c'est beaucoup !* mais, est-ce suffisant ? et tout ce faisceau d'efforts et de tentatives ne ressemble-t-il pas au chant stérile de la cigale ? Ne vaudrait-il pas mieux suivre l'exemple productif et raisonné de la fourmi ?

Humble citoyen français, puis-je espérer que ma modeste voix sera écoutée quand je fais appel à la raison, au bon sens et à la matérialité des faits ? Je suis devenu sceptique ; néanmoins, une force intérieure me pousse à faire entendre mon cri d'alarme !

Les leçons du passé sont cependant là probantes devant nous : La disparition des anciens peuples : Grecs, Latins, Egyptiens, Athéniens et Spartiates, Carthaginois et Romains, Perses et Macédoniens,

Portugais et Espagnols, n'aurait-elle pas dû nous servir de leçon? Elle est due à la même, seule et unique cause que celle qui nous ronge, nous anémie et nous anéantit !

Le coït en état de gestation est la cause primordiale des neuf dixièmes des avortements, des fausses-couches, des morts-nés, des mortalités infantiles, des naissances de tous les sujets enclins à la tuberculose et à toutes les maladies, ainsi que des naissances des estropiés, des arriérés et des monstres !

Une soif effrénée et inextinguible de jouissances tient tous les peuples qui sont arrivés à un certain degré de civilisation. Neurasthénie et ataxie, épilepsie et hystérie, sont l'apanage de tous ceux qui, devenus névrosés par l'abus et l'excès de toutes les satisfactions matérielles, n'ont pas la force morale de réagir contre la bête, et contre cet état morbide qui les entraîne dans le gouffre du *néant !*

Sans égard pour le respect qu'ils se doivent à eux-mêmes, à leur entourage et à leur race, ils en arrivent à proférer des monstruosités comme celle que j'ai entendue, il y a une trentaine d'années, préconisant comme le raffinement de la volupté : « *le coït de la femme enceinte !* »

D'ailleurs, on trouve encore des traces de l'ancienne corruption, et les vestiges des mœurs dissolues d'autrefois, dans certaines îles de la mer *Egée* par exemple, à *Mytilène* et à *Samos*, ainsi qu'aux îles *Canaries*, à *Ténériffe* et à *Las Palmas*. Et ne pas croire que la religion soit une protection contre la dépravation : Dans toutes les maisons, il n'y a qu'orgie de luxure, et à tous les murs sont accrochés avec profusion des crucifix, des bénitiers, des chapelets et des images de la Vierge ! Fanatisme, bigoterie, superstition, voilà où conduit l'adoration de la bête !

La femme, à l'heure actuelle, n'est plus considérée que comme un joujou, une poupée insignifiante, que l'on peut modeler, briser et déchiqueter à plaisir ; alors que la femme devrait être regardée comme l'être le plus sacré et le plus vénéré, le plus précieux et le plus fragile, le plus digne de respect et d'égards que la nature a octroyé à l'homme. C'est à elle qu'est échu le pénible devoir de la conception, de la gestation et de l'allaitement ; c'est elle qui procurera à l'homme digne de ce nom, la plus grande joie de ce monde, la jouissance la plus noble, la fierté et l'orgueil le plus légitime, en lui conférant la *Paternité !*

C'est à l'oubli de ses devoirs que l'homme doit le féminisme, l'émancipation du sexe faible et les réclamations universelles de celle qu'il a avilie et méprisée : *A tel point que toute femme enceinte (fille ou femme mariée) ne peut plus sortir dans la rue sans être l'objet de regards insolents et impudiques, ainsi que de propos railleurs et sarcastiques !*

L'homme de cœur et de devoir, l'honnête homme, celui qui aime sa patrie, se découvrira au contraire, plein de respect, devant toute femme enceinte, fût-elle fille-mère !

Honneur, respect et protection à toute Française en état de gestation !

Du geste le plus noble, le plus beau, le plus sublime dans son mystère, l'humanité est arrivée à en faire l'acte le plus bas, le plus vil et le plus honteux ! Que dis-je ? Le plus criminel et le plus infamant !

∴

Comment suis-je arrivé à pouvoir affirmer, démontrer et prouver une telle assertion ?

A mon retour du Congo en 1905, et après avoir passé par l'Ecole nationale d'aviculture de Gambais, j'avais entrepris en Bresse l'exploitation industrielle de la volaille, avec couveuses artificielles, mères perfectionnées, épinettes. etc...; et en 1907, j'étais parvenu à obtenir des éclosions de sujets, sains et vigoureux, avec tout œuf germé, *n'ayant jamais été secoué ou maladroitement manié, avant et durant l'incubation.*

J'étudiais méticuleusement l'œuf depuis sa formation dans la poule jusqu'à l'éclosion du poussin, en suivant de très près *l'évolution moléculaire de tous les éléments intérieurs de l'œuf durant l'incubation,* puis son élevage, tant comme futur reproducteur que comme sujet destiné à la table.

Après bien des expériences de toutes sortes, dissections et analyses scrupuleuses, je suis parvenu à prouver, théoriquement et pratiquement, de la façon la plus péremptoire, que tout œuf germé, secoué ou maladroitement manié, *ne pouvait rien produire, ou ne produisait jamais qu'un sujet chétif, malingre, souffreteux, enclin à toutes les maladies, et présentant un terrain extra-propice à toutes les infections et aux épidémies de toutes sortes.*

Le plus souvent, le sujet était estropié : soit au bec, soit aux pattes, soit aux yeux, soit intérieurement, suivant la position anormale de l'œuf, ou suivant la secousse donnée à l'œuf, avant ou pendant l'incubation.

Si, par suite d'une constitution nerveuse très accentuée (qualité provenant du coq reproducteur), il semblait prendre le dessus, il était constamment grelottant, même par les plus fortes chaleurs de l'été. Poussé par la fièvre intense dont il était possédé, il allait se blottir contre les autres, et je concluais : « *Voilà le sujet qui donnera de mauvaises habitudes à tout le poulailler, et le contaminera. Voilà la cause première des « tassements », et de tous les déboires futurs !* »

L'attention de tous ceux qui observent et étudient la nature, celle de ceux qui sont chargés de veiller à la moralité et à la santé physique des peuples, ne saurait être attirée, avec trop d'insistance, sur l'analogie de cette dernière conclusion et de ce qui sera dit tout à l'heure, à propos des alcooliques, des tuberculeux et des poitrinaires ; car, rien n'entraîne les masses comme le mauvais exemple. Et si l'on s'acharne à vouloir reproduire des futurs poitrinaires, et des futurs tuberculeux, c'est-à-dire ceux qui sont les premiers à donner l'exemple de la débauche, la race française périclitera et disparaîtra bien plus rapidement encore qu'on ne peut se l'imaginer.

Après une étude approfondie et détaillée de toutes les parties moléculaires de l'œuf, je réunis mes notes et observations dans un petit recueil que j'intitulai : « *Vérité Avicole* ».

La première et unique édition fut distribuée à tous les membres de l'Académie des sciences de l'*Institut de France*. Elle fut appréciée puisqu'il me fut conseillé de présenter mon travail pour le prix du *Fonds Bonaparte*, et que feu le grand *Cailletet* m'a encouragé et m'a honoré de ses conseils pour propager mon ouvrage. La guerre a détruit les espérances que j'avais formées de voir mon travail primé, *faisant force de loi*, et sauvant ainsi, par les conclusions formelles de cet ouvrage, de *12 à 15 milliards* par an à la France, tant pour l'élevage proprement dit que pour la vente, la réclame et les expéditions des œufs, dits « *œufs à couver* ».

En 1912, je comparai l'œuf ovipare à l'œuf des mammifères, en partant de ces principes :

1° Que, dans la nature, tout est réglé avec une précision admirable, depuis le mouvement des astres jusqu'aux transformations du grain de blé ;

2° Que les mêmes causes produisent les mêmes effets ;

3e Et que, dans le règne animal, le règne minéral aussi bien que dans le règne végétal, il n'est pas un atome qui ne doit subir l'évolution ordonnée à époques fixes, s'il se trouve dans les conditions normales.

Prématurité, Accident et *Retard* proviennent de causes imprévues et anormales, qu'il est donné à l'homme de déterminer avec précision, au moyen de sa raison et de son intelligence, par l'observation, l'analyse et la synthèse.

L'analogie saisissante qui existe entre les ovipares et les mammifères n'avait pu manquer de me frapper. Les phénomènes de l'évolution de l'incubation, d'une part, et de la gestation, de l'autre, ne sont pas protégés par la nature de la même façon.

Evidemment, chez les ovipares, le cochage n'a aucune influence sur l'œuf, puisque le travail de l'incubation ne commence jamais avant que l'œuf ait été pondu. Au contraire, chez les mammifères, le coït et la saillie sont, dès la première heure, essentiellement préjudiciables à la gestation, puisque, aussitôt le spermatozoïde entré, l'ovaire se ferme, la conception est assurée et le travail commence.

Dans l'œuf de la poule, la protection de l'évolution embryonnaire est assurée par la coquille même de l'œuf. Et quels désastres n'avais-je pas constatés, non seulement quand l'œuf est agité intempestivement, mais même par suite d'une simple position anormale et momentanée de l'œuf !

Mais, où se trouve la protection de l'œuf de la femme ? La poche d'eau ? La délivrance ? L'albumine ? Durant l'acte, il n'y a pas pénétration dans l'utérus gravide, *mais, il y a chocs successifs et violents, transmis par compressions anormales (anormales : parce que la femme est enceinte), de tous les organes, muscles, tissus et liquides, voisins et intermédiaires.*

Résultat. — *L'embryon d'abord, le fœtus ensuite, supporte les contre-coups produits par le coït intempestif.*

Chez les *ovovivipares*, comme la vipère, l'œuf éclôt dans le sein même de la mère.

Les organes sexuels du coq sont « *semblables extérieurement* » à ceux de la poule. Les organes générateurs et expulsifs du coq sont intérieurs. Conséquemment, le cochage se produit par la simple juxtaposition des deux orifices sexuels du coq et de la poule. L'éjection, la projection de la semence du coq se produit aussitôt que le contact des deux orifices est bien établi. Il n'y a donc pas de pénétration comme chez les mammifères. La grappe ovarienne est donc à l'abri.

Faut-il encore démontrer la fragilité de l'embryon et du fœtus, ainsi que tous les bouleversements et ravages causés?

Jouez et jonglez avec une montre solide, munie d'un boîtier extra-résistant, croyez-vous que le ressort, le pivot et le mouvement seront indemnes, surtout si vous répétez l'expérience fréquemment? N'avez-vous jamais eu des montres qui, après un accident, ne marchaient plus que lorsqu'elles étaient dans la position verticale?

Placez maintenant sur une enclume une montre à boîtier extra-fragile, et frappez à coups redoublés avec un marteau de forgeron; pensez-vous que le mécanisme d'horlogerie de votre montre ne sera pas encore plus endommagé que dans la première expérience?

Pendant les trois premiers mois de gestation, il y a doute de grossesse; et bien des accidents, des malaises, des indispositions, des *fausses-couches* sont causés ainsi inconsciemment. *Dans le doute, abstiens-toi!* aussitôt que les menstrues ne sont pas apparues à l'époque fixée par la nature.

Quand, à partir du quatrième mois, la formation du fœtus ne fait plus de doute, il y a *crime*, ou plus exactement *tentative de crime* (la femme n'ignorant plus qu'elle est enceinte, puisqu'elle sent remuer le fruit qu'elle porte). De plus, la femme risque elle-même des accidents graves, pouvant entraîner sa mort. En tous cas, elle supportera toujours, dans sa santé, les conséquences néfastes de son non-refus du coït pendant sa période de gestation.

Je n'étudierai pas ici les motifs si nombreux et si divers pour lesquels les femmes enceintes ne se refusent pas, ou n'osent pas se refuser. Il suffit qu'elles n'ignorent point le crime dont elles se rendent complices, et que les hommes qui insistent, exigent et violentent de telles femmes, sciemment, sachent qu'ils *trahissent la France !*

Ces faits étant reconnus, il reste à conclure, comme pour l'œuf de la poule, que :

1º Plus la gestation est avancée, plus le danger est grand pour la femme et le fruit qu'elle porte ;

2º La mortalité infantile est presque assurée ; si même on n'obtient pas un mort-né. Les mots : *accidents, fausses-couches, avortements* et *avant-terme* sont alors constamment prononcés pour couvrir les responsabilités et l'ignorance ;

3º Que tout sujet naissant dans des conditions aussi désastreuses sera taré ou estropié, difforme ou arriéré ; mais il sera sûrement malingre, chétif, souffreteux et prédisposé à toutes les maladies, épidémies, contagions et infections : *tuberculose, grippe, croup, coqueluche, diphtérie, oreillons, influenza, etc.*, son organisme ne saura pas se défendre, se laissera attaquer par l'infection qui règnera aussitôt en maitresse.

La tare, intérieure ou extérieure, ne sera souvent pas visible à première vue; mais, elle existera toujours. Suivant l'époque de la gestation où le coït s'est produit, et suivant la violence de ce coït, la tare sera plus ou moins caractérisée; et la partie plus spécialement lésée sera celle-ci ou celle-là. Les organes respiratoires seront toujours plus ou moins froissés et détériorés, ainsi que l'appareil digestif. En somme, tout l'organisme sera atteint.

Cela, je l'affirme! n'en déplaise à tous les *Purgons*, les *Fleurants* et les *Diafoirus* de l'Univers! La nature le prouve!

Les malfaiteurs nieront toujours s'être rapprochés d'une femme enceinte, car, quel est l'homme, à l'heure actuelle, qui ne proteste pas de son honnêteté la plus foncière, si on ne le prend pas en flagrant délit de malfaisance.

La femme ne pourra nier : les preuves sont là. De véritables accidents involontaires peuvent survenir; mais on les connaît toujours. Ils sont *excessivement rares*. Les honnêtes gens n'ont pas à s'en troubler et à s'en émouvoir ; ils seront en ce cas toujours entourés des témoignages de sympathie et d'estime, ainsi que des condoléances unanimes les plus sincères. Ils n'auront nullement besoin de crier sur tous les toits : *« Nous sommes honnêtes ! »* ce qui est le propre de ceux qui ne le sont pas. Mais est-il permis de laisser se commettre *plus d'un million de crimes* par an, pour un malheureux accident sur 100.000 cas ?

Parmi les honnêtes gens, nombreux, plus que nombreux sont ceux qui ne *savent pas. Il faut donc qu'ils sachent !*

Pour repeupler la France en race française, il ne faut pas compter sur les débauchés, les égoïstes et les malfaiteurs. Ce sont les honnêtes gens qui seuls relèveront la natalité. Les statistiques officielles prouvent qu'ils suffiront non seulement à combler le déficit des naissances sur les décès, mais à fournir un excédent capable de faire la France plus forte que jamais ; car ce sera toujours le nombre qui fera la force.

Vouloir, c'est pouvoir ! Ce ne sont pas des questions de gros sous, ni des discours de rhétorique (seules questions ayant été traitées sérieusement au Congrès de la natalité, à Nancy), qui repeupleront la France. C'est la *question naturelle !*

Voici un cerisier superbe à la floraison : tous

les soins (engrais, sarclage, tailles, greffes, etc.), ne serviront à rien, si vous vous acharnez à secouer toutes les branches à l'époque des fleurs. *Vous n'aurez jamais de fruits dans ces conditions.*

Tout sujet dont la gestation n'aura pas été troublée, naîtra sain, vigoureux et sans tare (sauf évidemment les tares héréditaires et sanguines). *Ceci est naturel; ce qui n'est pas naturel* ce sont tous les accidents qui surviennent après un coït intempestif. Ce sujet, dis-je, traversera, vaillamment comme sans défaillances, toutes les épidémies, car il ne présentera pas de terrain propice à l'extension des épidémies ou à la transmission des contagions.

Telle est la vraie, normale et primordiale raison pour laquelle de deux enfants, placés dans un même milieu insalubre, l'un sera atteint de maladie ou d'indisposition, et l'autre sera indemne.

Nier la réalité, douter de l'évidence, railler et dénaturer la vérité est le propre de l'ignorance, du manque de bonne foi et de l'insanité. C'est pourquoi j'invite tous les êtres pensants à bien vouloir étudier et comparer tous les phénomènes de l'évolution embryonnaire des ovipares et des mammifères. A chaque cas, comparer les méfaits et les résultats obtenus.

Comment ! la fragilité des chalazes, sur laquelle j'ai insisté tout particulièrement, est tellement reconnue que les fabricants de couveuses, eux-mêmes, conseillent, pour l'installation d'un couvoir, de choisir un emplacement éloigné de toute trépidation ; et des gens sensés admettraient que la gestation de la femme peut supporter sans dommage tous les ébranlements produits par un coït intempestif ? (Premier cas : protection coquillière ; et le mal se produit à l'intérieur de la coquille. — Deuxième cas : pas de protection autre que des matières compressibles par contre-coups directs.)

A noter que presque tous les marchands de couveuses artificielles (*« presque » est généreux, car l'exception est encore à trouver*), avec l'Ecole nationale d'aviculture de Gambais, comme chef de file, vendent et expédient par chemin de fer des « œufs à couver » de 15 à 50 francs la douzaine.

Comment ! il n'y a pas un seul médecin qui ne reconnaisse et affirme que rien n'est aussi nuisible, funeste et meurtrier pour les enfants allaités au sein que d'avoir des nourrices s'abandonnant au coït ; que des corsets exagérément sanglés, ou que le seul fait d'élever les bras trop haut pour étendre du linge peuvent occasionner un malheur aux femmes enceintes ; et le coït n'aurait aucun effet sur la gestation ?

Pour la reproduction des animaux, ne sépare-t-on pas, après la saillie, l'étalon des poulinières, le taureau des vaches, le bouc des chèvres, le lapin des lapines ? Toutes les femelles, la chienne par exemple, ne se montrent-elles pas particulièrement hargneuses et recherchant la solitude, quand elles sont prises ? N'évitent-elles pas avec soin et instinctivement l'approche du mâle ?

Comment les animaux dans leur instinct peuvent-ils être ainsi supérieurs aux hommes avec leur raison, dans le geste naturel de la reproduction ?

Quelle est cette fausse pudeur qui clôt toutes les bouches ? Celui qui laissera commettre un crime sans s'y opposer (alors qu'il lui est possible de s'interposer), — et en souriant cyniquement même ! — est plus coupable que le criminel lui-même, surtout si celui-ci est inconscient. Pour le cas présent, c'est la *trahison en masse !*

Pudeur mal placée, Patriotisme falsifié, Honnêteté défigurée, derrière lesquels se cachent les mœurs les plus abjectes, les plus affligeantes et les plus malfaisantes !

Pour *Vérité Avicole,* les plus hautes compétences

m'avaient répondu : « Ce que vous dites là est très vrai, nous le reconnaissons ; mais c'est une *véritable révolution* que vous préconisez là dans le commerce des « *œufs à couver* » ! Nous nous y opposons, car ceux qui en trafiquent le plus sont trop haut placés et beaucoup trop forts ! »

Ah ! les Allemands aussi étaient très forts, en accaparant tous les hôtels, en y installant les « *chambres de passe* », à tel point que les familles honorables, les mères de famille, forcées de se déplacer, appréhendaient avec effroi le séjour dans un hôtel, où elles étaient assurées de coudoyer à chaque étage des libertins et des filles perdues.

Les subventions que l'Allemagne octroyait à ses agents en France pour corrompre nos mœurs, étaient si élevées que les plus cyniques frémiraient d'effroi s'ils en connaissaient le chiffre annuel, et s'ils comprenaient à quel point ils se rendaient complices des Allemands.

Depuis l'armistice, l'invasion des hôtels par des étrangers de toutes sortes, soudoyés par nos ennemis, était telle qu'ils accaparaient tous les emplois, tous les postes et toutes les fonctions. Le syndicat du personnel de l'Hôtellerie française vient d'être forcé de protester énergiquement auprès du Gouvernement. N'est-ce pas là une preuve tangible que la débauche est *voulue* officiellement ?

D'aucuns prétendent que la campagne est désertée par suite de l'attrait dans les villes, des cinémas, des théâtres, etc... Détrompez-vous, en considérant la mentalité de la jeunesse actuelle. Elle désire se soustraire à l'œil vigilant de ses parents et de ses relations pour « vivre sa vie », jeter son bonnet par-dessus les moulins, et danser le tango, en public et en secret ! Ce n'est pas le confortable, le luxe, les magasins, etc... (qui ne sont que des accessoires) qui l'aimante vers la ville, c'est l'attrait de la luxure, entretenue par les fonds boches ou bolchevistes, et sous l'œil protecteur plutôt que contrôleur de la police.

A la campagne, le vice trop éhonté sera montré du doigt. Une certaine tenue y est nécessaire. A la ville, au contraire, la débauche, étalée au grand jour, est considérée comme un honneur ; et ceux qui ne s'y livrent pas sont l'objet de l'ironie et de la satire.

L'*Alcoolique*, par suite de la surexcitation même de tout son système nerveux et de sa déraison, est plus porté qu'aucun autre à se rapprocher de sa femme, même en état de gestation. Et le coït avec sa femme en état de grossésse est plus fatal aux produits qu'il occasionne que son alcoolisme même.

Il est notoire que les *poitrinaires* et les *tuberculeux* ont la même prédisposition que l'alcoolique, à tel point qu'il m'a été rapporté tout dernièrement encore, par les parents éplorés du défunt, que, trois heures avant de mourir, un poitrinaire, sachant sa fin aussi proche, avait demandé à sa femme un rapprochement sexuel !

C'est ainsi que, par la torture pratiquée sur une pauvre victime qui n'a pas encore vu le jour, la tuberculose, qui n'est pas une tare héréditaire, trouvera un terrain tout préparé pour s'y propager. La question de savoir si la tuberculose était héréritaire avait été soulevée et discutée par suite de cette tendance au *coït malgré tout* des tuberculeux, qui provoquait les résultats que je signale.

Les *jeunes mariés*, avec leur inexpérience, leur ignorance et leur ardeur juvénile, sont exposés à bien des déboires, des déceptions et des afflictions. Que de fausses-couches, que de morts-nés, que de mortalités infantiles, que d'enfants maladifs !

Il est reconnu que les enfants les plus vigoureux proviennent des couples ayant atteint l'âge mûr. — Pourquoi ? — Sinon qu'à un certain âge la raison et la mesure savent mettre un frein à cette fringale de jouissances dont sont possédés les jeunes gens !

Il est dans les usages des familles dont les enfants ne courent pas les rues durant leur jeunesse, que la mère entretient la jeune fille en secret la veille du mariage. — Que peut-elle lui apprendre si elle ne sait rien elle-même ?

L'homme qui peine, qui travaille et qui fatigue, comprendra la lassitude, les malaises et l'indisposition de sa femme mieux qu'un désœuvré ou un fonctionnaire, un bureaucrate ou un homme exerçant une profession libérale. Il prendra en considération son état nerveux et maladif. Il la respectera et la laissera reposer, étant plus à même de se mettre à la portée et d'apprécier (d'après ce qu'il ressent lui-même dans ses heures de fatigue) la situation de sa femme enceinte.

Aussi recueillera-t-il la juste récompense de sa condescendance en obtenant des enfants sains et vigoureux et de voir sa femme se rétablir promptement, après avoir traversé sans anicroche les périodes de gestation, des couches et de l'allaitement.

A ceux qui objecteront que la thèse développée est d'une évidence flagrante, que tout le monde le sait et qu'il n'est pas besoin de le dire, de l'écrire et de le promulguer, il suffira de répondre, quotidiennement, ce sont les faits les plus visibles et les plus tangibles qui sont constamment les plus dénigrés et les plus niés. *(Exemple : Christophe Colomb et Papin.)*

Cultiver l'ignorance est l'œuvre de ceux qui profitent de cette ignorance des autres pour l'exploiter à leur profit de la façon la plus éhontée qui soit.

85 0/0 au moins, s'ils savaient, s'arrêteraient, hésiteraient, reculeraient devant l'acte le plus criminel et le plus insultant à la dignité de la femme, de l'enfant et de l'Humanité.

La Justice, éclairée, n'aurait plus de raison de tergiverser et ne se fourvoyerait plus. Il faut aussi une protection *efficace* de toutes les futures mères, tout spécialement des *malheureuses abandonnées*; il ne faut pas les rejeter dans la boue du vice, surtout quand il n'y a peut-être eu qu'une simple défaillance due à trop de confiance, à un caprice momentané, ou simplement une ignorance absolue du mal et de ses conséquences, et qu'elles ont été le jouet brisé, puis méprisé, de l'infamie et de la lâcheté de l'homme.

Il faut, au contraire, leur assurer le respect, la

considération et les moyens de remplir dignement leurs devoirs de mère.

Les *infanticides clandestins* sont provoqués par la Société, qui méconnaît tous ses devoirs. Celles qui s'en rendent coupables seraient la plupart du temps les meilleures des mères si la Société ne les avait pas rejetées, méprisées et stigmatisées. La Société doit pratiquer comme premier devoir la Charité et la Fraternité, sinon *la Société n'est plus la Société !* (Charité *ne signifie pas aumône, mais amour du prochain.)*

Pour promulguer ces vérités fondamentales, je propose donc l'inscription, en gros caractères, dans tous les livrets de famille, du simple axiome suivant :

Le coït en état de gestation est le crime le plus grand contre la Race, la France et l'Humanité.

Je termine par ces trois prières :

Pitié pour la France !
Pitié pour l'Humanité !
Pitié pour la Civilisation !

L'accueil fait à ces quelques observations démontrera si les Français veulent la *France aux*

Français, ou bien s'ils préfèrent disparaître et laisser le sol de la France se repeupler par les étrangers en criant : *En avant, le Tango !*

Le mal est si grand qu'on hésite à prononcer le mot *Coït* qui fait frémir toutes les consciences criminelles. Ce n'est pas la pudeur qui clot les lèvres, ce sont les mêmes sentiments que ceux qui agitaient les cœurs de *Caïn* et de *Judas*, après leurs actes : *Assassinat* et *Trahison !*

Qu'il nous suffise de rappeler :

1° Que la population de la France était, avant 1914, de *39.610.510* habitants ;

2° Que *1.500.000* sont tombés au champ d'honneur ;

3° Que *700.000* sont revenus mutilés ;

4° Que *1.200.000* sont : ou morts par suite des blessures reçues ou des maladies contractées au front ; — ou devenus impotents, malades, anémiés, empoisonnés et tuberculeux ;

5° Que *85.000* décès sont enregistrés annuellement par suite de la tuberculose, non compris les tuberculeux du front. C'est la moyenne d'avant guerre ;

6° Que, suivant la statistique établie au ministère du Travail, la population *civile* de la France a diminué, en 1919, de *389.573* unités, sans compter les pertes cruelles de la guerre ;

7° Que le docteur *Bertillon*, expert en statistique, annonce que le déficit des naissances sur les décès est annuellement de *480.000*. Ce chiffre est la moyenne d'une période décennale ;

8° Que nos avortements et morts-nés, avoués ou constatés, fluctuent annuellement entre *160.000* et *200.000* et qu'il n'est pas téméraire d'évaluer à un taux semblable tous ceux qui ont pu passer inaperçus, parce que clandestins ;

9° Que le nombre des *fausses-couches*, dans les quatre premiers mois de grossesse, atteint un total si considérable que, s'il était possible de le connaître, on ne s'étonnerait nullement de la dépopulation ;

10° Que notre natalité diminue chaque jour par la volonté expresse de certains de ne pas avoir d'enfants ;

11° Que l'excédent des femmes âgées de plus de 16 ans sur le nombre des hommes âgés de plus de 16 ans était, en 1913, de *740.000* et que cet excédent, le 11 novembre 1918, était de *1.600.000*. En tenant compte de nos invalides, nous arrivons à un excédent de *2 millions* de femmes françaises vouées au célibat et à la débauche ;

12° Que la moyenne des émigrations de Françaises, mariées à des étrangers (depuis l'armistice), atteint *une sur trente* ;

13° Que, par suite du désordre, gâchis et vexations organisés en France, *l'émigration des Français*, à l'heure actuelle, est comparable à celle provoquée par la *Révocation de l'Edit de Nantes*, avec ses funestes conséquences ;

14° Et que, par contre, l'*Angleterre*, la *Suisse*, l'*Allemagne* et les *Etats-Unis*, ayant interdit chez eux toute immigration étrangère, nous voyons arriver chez nous, en nombre plus considérable que jamais, tout cet afflux d'indésirables renvoyés de toutes parts. Toute cette bande d'immigrants pénètrent par tous nos ports. L'Allemagne n'a que l'embarras du choix (si elle en fait un !) pour recruter à deniers comptants des agents à sa solde. Ils s'infiltrent partout : dans nos syndicats, nos ministères, nos usines, nos administrations, etc... Ils provoquent et propagent le désordre de tous les côtés, à l'instar des *poulpes seiches* et *calmars*, avec leurs tentacules garnis de ventouses !

Tous les discours, tous les programmes, toutes les initiatives seront étouffés et resteront lettres mortes : *Si la France ne se repeuple pas en race française.*

Laissez au moins venir au monde avec la santé ceux qui ne demandent qu'à naître sains et vigoureux !

Ne les assassinez pas dans le sein de leur mère !

Ne les forcez pas à vivre avec l'infériorité constitutionnelle, la débilité ou la difformité, et avec la perspective d'être sans défense contre toutes les maladies.

La désertion et la trahison, en temps de paix, sous certaines formes, sont parfois plus infamantes qu'en temps de guerre.

Que le sang de nos 1.500.000 frères d'armes, de cœur et de race, tombés autour de nous, sur les champs de bataille, et dans les tranchées, retombe sur la tête de ceux qui veulent livrer la France à l'étranger !

Derniers Arguments

Vie chère, Crises économique, financière, politique et des transports, Grèves, Bolchevisme et toutes les afflictions qui s'abattent sur nous, à l'heure actuelle, proviennent de *notre dépopulation en race française, et...* de l'immigration, de l'invasion et de l'infiltration de toutes les races les plus hétéroclites, qui viennent s'implanter chez nous, pour nous vendre, nous anéantir et nous dévaliser.

Le nombre fait la force ! — Discours, programmes, congrès ne prévaudront jamais *contre la Nature !*

Pour repeupler la France en race française, voici le remède :

Le seul, le vrai, l'efficace !

Le rejeter, l'écarter, s'en désintéresser, en faire fi :

C'est « Trahir la France ! »

Comment ! depuis le professeur de l'Académie de médecine le plus érudit jusqu'au plus illettré des citoyens, il n'est pas un être pensant qui ne reconnaisse que le voyage ou le transport d'une femme enceinte en chemin de fer, en automobile, en voiture, à cheval, en bicyclette, est des plus funestes dans ses conséquences pour la reproduction ; car, les trépidations, subies par ces genres de locomotion, provoquent toujours des désordres intérieurs, et occasionnent inévitablement des accidents ; et... le silence le plus obstiné comme le plus systématique, sera observé sur le coït intempestif, le coït malgré tout, le coït à tout prix, le coït intensif !

Faire semblant de lutter contre la *Tuberculose* par des discours, des congrès et des dispensaires, alors que le mutisme est le plus absolu sur la cause originelle des sujets aptes à en être infestés ; — n'est-ce pas l'hypocrisie la plus traîtresse ? — Et cela n'équivaut-il pas à prétendre vouloir faire produire un champ infesté de mauvaises herbes et de ronces, en respectant cette brousse, en évitant de la détruire, et même en activant sa croissance ? — N'est-ce pas innover la « *Préparation de terrains propres à la culture intensive de la Tuberculose,* » pour pouvoir inaugurer de nombreuses « *Serres chaudes pour Tuberculeux.* »

Voilà le Progrès de la Science et de la Civilisation au XXe siècle !

Le comble des combles, c'est qu'il est tenté de propager l'erreur : un des grands journaux de Paris, dans son numéro du 10 décembre 1919, commente un article de la *Veissiche Zeitung*, ainsi libellé :

« Lorsque la France aura cessé de fêter sa trom-
« peuse victoire, rien ne pourra plus voiler la
« décrépitude irrésistible de la vitalité française.
« La décadence biologique est incessante et la
« conduit au néant. L'avenir de la France est
« sombre. Nous avons subi une terrible défaite :
« il n'y a rien à dissimuler ; mais, nous avons
« avec nous les forces naturelles de la vie. Nous
« comptons parmi les grandes puissances par le
« seul chiffre, présent et futur, de notre popula-
« tion. C'est pour cela que nous devons être sou-
« cieux de maintenir et d'augmenter la puissance
« naturelle de l'Allemagne qui réside dans sa
« fécondité. »

Ce journal parisien, dis-je, écrit ce qui suit :

« Nos ennemis se trompent sur un point ; il n'y
« a pas décadence biologique de la race française ;
« la restriction de la natalité est volontaire. Et
« cependant, d'après un grand professeur alle-
« mand, si la France était organisée, 80 millions
« de citoyens y vivraient à l'aise. »

Personne ne relève ces quelques mots ; — pas un journal ? pas un savant ? — Il suffira donc que les Allemands déclarent que c'est le soleil qui nous éclaire le jour, pour qu'un journaliste français s'écrie : « *Jamais de la vie, c'est la Lune !* » et tout le monde en France approuvera. Celui qui ne sait pas devrait rester bouche close plutôt que de professer l'Erreur. D'autre part, il est aisé, quand un tiers vient vous dire vos vérités, de répondre : *C'est faux !* C'est la *vie de la France* qui est en jeu dans le cas actuel, et je proteste hautement et énergiquement.

La « *Biologie* » est la science de la vie des corps organisés. La Biologie ?... mais, c'est l'objet même de mon ouvrage tout entier.

La Femme se rend bien compte du bien-fondé de ce que j'avance, et elle me répond : « *Mais ! si je me refuse durant ma gestation, et pendant l'allaitement au sein, mon mari, mon amant, m'abandonnera pour aller courir la prétentaine et le guilledou !* » — De plus, il ne faut pas perdre de vue qu'en même temps c'est la femme enceinte qui est la plus tentée physiologiquement et organiquement durant les premiers mois de grossesse, comme, d'ailleurs, *Eve* le fut elle-même. *Et voilà la plaie, voilà le mal !* Il importe que tout le monde le sache.

Bandez les yeux à une personne que vous placerez ensuite devant un gouffre, en lui disant qu'en face d'elle, à vingt pas, son dîner est prêt, mais sans la prévenir que le gouffre la sépare de la convoitise. Au lieu de contourner le gouffre, elle s'avancera droit devant elle et s'effondrera au fond de l'abîme.

Non ! nul n'a le droit de se plaindre des maux qui nous affligent à l'heure présente, si rien n'est fait pour extirper le mal à la racine.

Dans un opuscule que la *Croix-Rouge Américaine* a fait distribuer dans nos écoles, il est fait des recommandations, *aux enfants !...* qui laisseraient croire que ce sont eux les premiers fauteurs de la tuberculose ! — Ces pauvres petits sont les premières victimes d'un acte odieux, quoique inconsciemment criminel, de leur parents. *Non !* ce ne sont pas eux les coupables, ce sont le père et la mère.

Quel est celui qui, au centre africain, n'a pas été émerveillé de la haute stature, de la vigueur et de la santé des indigènes (*Babbas, Baccas, Bondzos*), qui, quoique et peut-être parce que : anthropophages, observent les lois naturelles de la reproduction. La femme chez eux doit produire ; et la femme enceinte est sacrée ; car ses produits représentent une marchandise recherchée : pour la vente, si ce produit est du sexe féminin ; pour la location, s'il est du sexe masculin.

N'est-il pas universellement reconnu que toutes les races, depuis les siècles les plus reculés, décroissent de vigueur, de stature et de santé ?

La Raison : je vous la donne !

Ah ! Ignorance ! que de fausses accusations ne porte-t-on pas sous ta sauvegarde ! — Evidemment ! les conseils d'hygiène, renfermés dans cet ouvrage de propagande américaine, ne méritent que des approbations. Mais, n'accusez pas insidieusement les enfants, pour vous disculper de vos torts, s'ils sont tuberculeux : car, ils ne le sont devenus ou ne le deviendront que par la faute des parents : faute commise bien avant la naissance de l'enfant !

Si les hommes et femmes savent faire leur devoir, en observant les lois fondamentales et naturelles de la reproduction, *la Tuberculose est vaincue* dans ses œuvres vives et néfastes, puisqu'elle ne trouvera plus de terrains propres à s'y implanter.

Le respect de soi-même appelle le respect des autres. Si l'homme ne se respecte pas lui-même ; et s'il ne respecte pas sa femme, qui est la moitié de lui-même, nul ne le respectera. Pour l'homme, le respect de la femme consiste au premier chef dans sa continence sexuelle, quand celle-ci est enceinte ; et à ne pas s'avilir en allant chercher des satisfactions à l'extérieur. — S'il le fait, il manque de dignité et de cœur ; la première preuve de sa bassesse et de sa turpitude, c'est qu'il se cache. Un homme, digne du nom d'homme, n'a pas à se cacher !

Que de suppositions n'a-t-on pas faites sur le péché originel et la fameuse pomme qu'*Eve* aurait offerte à *Adam*. — L'étymologie du mot « *originel* » réclame des précisions. En latin, « *os, oris* » signifie : bouche, ouverture, embouchure ; « *genus, generis* » signifie : espèce, race. En grec, « *genos* » signifie aussi : race ; et « *organon* » signifie organe ou partie d'un être organisé, destiné à remplir une fonction nécessaire ou utile à la vie. « *Originel* » signifie : qui remonte jusqu'à l'origine, jusqu'à l'extraction, jusqu'au commencement.

« *Péché originel* » signifie : le péché de l'ouverture de l'extraction de la race.

Ceci étant donné, quand il est parlé de criminalité héréditaire ou infantile, qu'il est discuté sur la recrudescence de cette criminalité, n'est-il pas logique de remonter au premier crime, et de considérer la criminalité de *Caïn*, due au péché originel. Les lois naturelles ont été observées pour *Abel* et pour *Seth* ; mais elles ne l'ont sûrement pas été pour Caïn. C'est ainsi que les parents sont toujours récompensés ou punis dans leurs enfants, suivant qu'ils ont observé ou non les lois de la *Nature*.

Pourquoi, en effet, *Adam* et *Eve* se sont-ils cachés après leur désobéissance ? — Pourquoi ont-ils couvert leurs corps de feuilles et de peaux après le péché ? — Parce qu'ils n'ont pas observé les lois naturelles : le respect de la production, le respect de la femme enceinte. C'est ainsi que la mode de se couvrir, de s'habiller, vient d'eux.

« *Pudeur* » signifie : honte honnête ; mais n'a honte que celui qui a fauté, ou qui se sent capable de fauter ; et il serait plus exact de n'employer que le mot « *pruderie* ».

Pourquoi la femme est-elle plus prude ou pudique que l'homme ? — Parce qu'elle a été tentée physiologiquement et organiquement la première ; et surtout qu'elle a été frappée physiologiquement.

Oui ! la tangibilité et la visibilité de tous nos maux confirment qu'ils ne sont dûs qu'à l'inobservance des lois de la nature.

« *Les Romains*, disait M. *Clémenceau*, dans un

de ses derniers discours, *ne voulaient pas avoir d'enfant, malgré les objurgations et les exhortations de leur Empereur.* »

Qu'il me soit permis de dire que cet empereur ignorait ce qu'il fallait dire aux Romains, peuple fier par excellence, et que les Romains ont l'excuse de ne pas avoir su ce qu'il fallait faire (ou plutôt ne pas faire), pour repeupler.

Les *Français, eux !* peuple non moins fier que les Romains, *n'auront aucune excuse,* car ils n'avaient qu'à me lire, observer, constater, puis propager la *Vérité !* Celui qui doute d'un Français n'est pas digne de l'être ! et je me refuse formellement, après avoir vu mes compatriotes à l'œuvre de 1914 à 1918, de douter de leur bon sens et de leur cœur, de leur honneur et de leur fierté. Telle est la raison qui fortifie mon courage et ma foi dans l'œuvre que j'accomplis ici.

Honneur à ceux qui me soutiendront dans ma croisade. Leurs noms seront inscrits en lettres d'or dans l'Histoire du Monde. — Quant aux autres, à ceux qui restent indifférents et qui étoufferont ma voix, *je les stigmatise et les cloue au pilori* de l'opinion universelle de tous les peuples futurs !

Verba volant ! Scripta manent !

Ceux qui déclarent, aussi hautement que cyniquement, qu'ils ne veulent pas avoir d'enfant, sont indignes du titre de Français ; car ce faisant, ils obéissent aux suggestions des pires ennemis de la France. Non seulement ce sont des traîtres ; mais leur accouplement mérite le mépris de tous ceux qui se respectent. Deux chiens accolés peuvent provoquer la risée des sots ; *Eux*, ne provoquent que le dégoût !

Le coït n'a sa raison d'être, n'a été conçu et institué que pour la reproduction, et pas pour autre chose !

« *Organes génitaux* » signifie : organes de reproduction de la race.

De même, un arbre fruitier a sa raison d'être pour produire des fruits, et non pour faire des cannes avec toutes les branches.

C'est aux honnêtes gens seuls que s'adresse cet ouvrage, et je leur dis :

La vie ou la mort de la France.

Que voulez-vous ? — Lisez, promulguez, et la France est sauvée, plus forte que jamais ; sinon la France a vécu, trahie bénévolement par les Français les plus honnêtes eux-mêmes !

Ce ne sera pas pour 60, 100 et même 1.000 francs de prime qu'un honnête homme vous donnera un enfant. (Les gros sous, c'est la marotte du jour!) C'est son cœur seul qui influera sur la reproduction, mais il faut le prévenir de la cause originelle de tous ses déboires actuels dans sa progéniture déficitaire et maladive.

Quant au débauché luxurieux ou à l'égoïste, il suffit que l'opinion publique le taxe nettement comme un indésirable pour la société entière. Son amour-propre et sa vanité se chargeront de le convertir.

Lycurgue, l'auteur de la sévère législation de *Sparte*, a été pénétré de l'impérieuse nécessité d'avoir des hommes forts physiquement, et rompus à tous les sports, pour tenir tête aux Athéniens. C'est grâce à lui que les *Spartiates* (ou *Lacédémoniens*) ont acquis une si grande renommée pour la sévérité de leurs mœurs, à tel point que les nouveaux-nés, difformes, estropiés ou malingres, c'est-à-dire provenant d'une femme dont la gestation avait été troublée, étaient impitoyablement sacrifiés dès leur naissance, comme impropres à toute activité.

Les nés sains et vigoureux étaient astreints à tous les exercices corporels imaginables, propres à leur développement physique. Cela était naturellement facile puisque de tels sujets sont, de par la nature même, prédisposés à tous les sports, pour lesquels ils ont un penchant réel, et d'autant plus grand qu'ils sont bien constitués.

Lycurgue avait reconnu (ce que nous pouvons tous constater de nous-mêmes), que le né malingre et chétif non seulement n'a aucune tendance à la vie active et au mouvement ; mais a une répulsion chagrine à tout exercice corporel. Et ce sera toujours d'un regard morne, songeur, et chargé de regrets, qu'il regardera ses camarades se livrer à leurs jeux et exercices.

C'est ainsi que *Lycurgue* était arrivé à faire respecter la femme enceinte qui, apeurée, vivait toujours dans la crainte que son enfant, né chétif, malingre, ou estropié, ne fût sacrifié.

Organisons donc tous les sports chez nous ; mais faisons auparavant des sportifs, c'est-à-dire des enfants pleins de vie et de santé. Quant à vouloir par la gymnastique donner la santé *constitutive* à un être qui ne l'a pas, autant vouloir faire voler un *hippopotame !*

Tous les discours, tous les programmes, toutes les initiatives seront étouffés et resteront lettre morte dans tous les domaines, *si la France ne se repeuple pas en race française.*

Une France peuplée uniquement d'étrangers, n'aurait plus le droit de s'intituler la *France !* — La France n'est et ne peut être la France que si son sol est foulé par une majorité de Français de race française.

A l'heure actuelle, il y a à Paris *200.000 étrangers*, et il en arrive près de *5.000 par mois*. Etonnez-vous de la vie chère et de la crise des logements ! Tous ces parasites sociaux, chassés de toutes parts, pénètrent chez nous par la grande porte pour tout infester, et pour infecter tous ceux qu'ils approchent.

Mieux encore, on va les chercher : *200.000 Polonais* (ou plutôt prétendus tels, car combien de transfuges étrangers, allemands, bolchevistes et autres, ne se trouvent pas dans ce nombre !) nous arrivent dans les pays dévastés pour les reconstituer, faute de bras français. Il est difficile de s'imaginer que la Pologne, à l'heure où elle ressuscite, et où elle a tant besoin de ses propres bras pour sa réorganisation et sa défense, se prive de ses enfants en nombre si considérable.

A *Lille*, à *Marseille*, à *Lyon*, au *Havre*, à *Bordeaux*, et partout, c'est la même situation, la même invasion.

M. Pams, ministre de l'Intérieur, a été forcé d'adresser aux préfets une circulaire à propos des

Chinois, faisant remarquer que beaucoup d'ouvriers chinois, venus en France, avaient déjà contracté dans leur pays une union légitime, et que le mariage des femmes françaises avec des ouvriers chinois placés dans ce cas, « *serait, aux yeux de la Loi et de la Société, une sorte de concubinat.* »

De nombreuses Françaises, mariées avec des Américains, ont eu un sort désastreux, et sont revenues divorcées et écœurées. Etc..., etc...

Voilà comment les femmes françaises sont traitées par l'étranger. De plus, tous ces envahisseurs réclament chez nous des salaires élevés, qu'ils sont loin d'avoir chez eux, et propagent le désordre partout.

Pourquoi ? — Au Sénat, le samedi 19 avril 1919, *158 sénateurs* contre *26* se sont opposés à faire aucun obstacle à l'introduction des agents étrangers, Allemands, Bolchevistes et autres, dans nos syndicats !

C'est toujours par suite de notre *dépopulation*, et sous la pression envahissante de l'étranger chez nous, que *de 1907 à 1914 le Budget de la France a été falsifié*. Durant ces sept années, on a augmenté les dépenses sans avoir jamais rien fait pour trouver des ressources correspondantes. Pour masquer cette situation alarmante, on s'est servi d'expédients pour arriver, *avant le 11 novembre 1913, à un déficit de 400 millions dans le budget et de 400 millions hors du budget, soit 800 millions !*

Oui, avant la guerre, nous avions un déficit de 800 millions dans notre budget. Les élections de mai 1914 se sont faites dans le silence sur ce point. Et pour arriver à boucler les budgets, pour arrêter les comptes, on créait *pour 800 millions d'obligations à court terme, sans amortissement !* C'est ainsi que le budget n'était jamais équilibré, qu'il n'a jamais été possible de faire d'emprunts, que nous avons 36 milliards de billets de banque, plus 30 milliards de Bons du Trésor, et que le gouffre est toujours ouvert.

Français, mes compatriotes ! méfiez-vous de ceux qui nous encensent et nous aveuglent. Tous nos maux proviennent de *notre Dépopulation en race française.* Il s'agit de repeupler, je vous indique le remède.

Le *New-York Herald* écrit :

« *On vole, l'on pille : les gendarmes dorment. Le Brigandage est la seule chose bien organisée en France !* »

La France est perdue, sucée par tous les vampires de la création ; *il faut la sauver !*

C'est avec l'esprit soucieux et anxieux de l'avenir de la France ; c'est avec le cœur saignant et angoissé, qu'après avoir méticuleusement sondé tous les méandres de la plaie, je me suis décidé à découvrir brutalement aux aveugles cette plaie, horrible et monstrueuse, qui nous gangrène jusqu'à la moelle ; et que toutes les autorités et compétences s'acharnent à vous cacher, en faisant sonner de gros sous dans leurs poches, et en traitant avec mépris et indifférence la seule et unique voix qui peut nous sauver : celle de la *Vérité !*

Il n'est pas un seul cœur, vraiment français, qui ne m'approuvera. Seuls hausseront les épaules, seuls protesteront, seuls crieront : « *O scandale !* » *ceux et celles qui ont juré la perte de la France !*

Je le répète :

Verba volant ! Scripta manent !

Défi perpétuel de l'Humanité

à la Raison et au bon sens

140 ans avant Jésus-Christ, *Pythagore* enseignait le mouvement quotidien de la terre sur son axe, et son mouvement annuel autour du soleil; il rattacha les planètes et les comètes au système solaire.

Au ii° siècle après Jésus-Christ, *Ptolémée d'Alexandrie* établit un système complet qu'*adoptèrent toutes les nations*. Il admettait, contrairement à *Pythagore*, que la terre était placée au centre du monde, et que tous les astres se mouvaient autour d'elle !

Ce n'est qu'au xv° siècle que *Copernic* démontra les erreurs de *Ptolémée*, et ramena la science astronomique aux idées de *Pythagore*.

A la fin du xvi° siècle seulement, *Galilée* démontra scientifiquement le mouvement diurne de la terre. Il a donc fallu *18 siècles* pour que l'Humanité reconnaisse à l'unanimité les vérités démontrées par Pythagore. Par bonheur, la terre ne s'est pas souciée de l'incrédulité humaine pour continuer à tourner ! Néanmoins, à la fin du xxᵉ, des *« esprits éminemment supérieurs »* s'évertuent à démontrer que le soleil passe au méridien du lieu, tantôt à onze heures, tantôt à midi, tantôt à treize heures, selon leur caprice, leur bon plaisir et de leur propre arbitre !

Si *« l'Esprit est prompt »*, pour saisir l'idée du mal et de la malfaisance, il est terriblement lourd et épais pour admettre l'évidence.

« La chair est faible » ? — La dégénérescence des races le prouve surabondamment.

400 ans avant Jésus-Christ, *Socrate* s'attacha à faire l'éducation des instincts de l'homme, sans penser à réformer l'œuvre de la *Nature.* Il combattit avec âpreté la sophistique, c'est-à-dire les faux raisonnements faits avec l'intention d'induire en erreur. *(La sophistique est tenue en grand honneur à l'heure actuelle en France.)* Il fut condamné à l'empoisonnement, à boire de la ciguë, sous le fallacieux prétexte d'impiété, par les imposteurs et les charlatans de son époque, alors qu'il était un des premiers pionniers du Progrès et de la Civilisation, en défendant la Vérité. — *(Il est curieux de rapprocher nos mœurs actuelles de celles de la Grèce d'il y a 2319 ans.)*

Platon, fondateur de la première Académie, et dont la philosophie est la plus haute expression de l'idéalisme, fut le disciple, l'élève, de *Socrate*. Il fut lui-même le maître d'*Aristote*, qui devint le précepteur et l'ami d'*Alexandre le Grand*.

Aristote, nourri des principes de *Socrate*, les transmit à son élève et ami. Logique, Politique, Histoire naturelle, Physique ont été traitées par lui de main de maître.

Alexandre le Grand, dont nul n'a contesté et ne contestera l'œuvre bienfaisante et civilisatrice, fut surnommé « le Grand » par ceux-là mêmes, qui, *50 ans plus tôt*, avaient condamné à boire de la ciguë le promoteur des idées, des principes et de la logique, étalés au grand jour par *Alexandre le Grand !*

Ainsi va le monde à travers les siècles : Nul ne peut proclamer ce qui est vrai, juste et raisonnable, sans qu'il soit aussitôt dénigré, vilipendé et honni, pour le grand dam de la société entière, par la multitude qui ne vit que du mensonge, de la duperie et de l'hypocrisie.

S'il est un domaine dans lequel tous les hommes, qu'ils soient athées, sectateurs ou déistes, devraient s'entendre et s'accorder, c'est bien celui de la *Nature*. — La *Raison*, cette faculté par laquelle l'homme peut connaître et juger, les met à même de scruter et d'approfondir, par l'analyse et la synthèse, tout ce qu'ils voient, touchent, sentent et entendent, sans pouvoir différer dans leurs conclusions, sans pouvoir dévier dans l'erreur, car la nature les guide pas à pas par des faits précis et réels.

Cependant, par une aberration mentale, inconcevable autant qu'universelle, l'Humanité prétend avoir, par sa seule volonté, la puissance de commander à la nature, et elle s'arroge le droit de nier tous les phénomènes qu'elle ne peut pas expliquer.

Les hommes ne sont que des spectateurs, des observateurs, des phénomènes naturels, dans toutes leurs manifestations. Ils peuvent influer sur les résultats par des procédés indirects ; mais, toutes les fois que l'homme est intervenu directement dans l'évolution d'un phénomène naturel, il n'a obtenu et n'obtiendra jamais que : *abâtardissement, altération* et *dégénération*.

Si l'on recherche dans les livres de médecine l'explication de certaines infirmités humaines, telles que : *abrutissement, idiotie, folie, surdité, mutisme*, *aveugles-nés*, etc...., on découvre à chaque page des contradictions formelles d'une thèse à l'autre sur le même sujet. Les systèmes nerveux qui se détraquent pour un rien, les cerveaux qui tombent en déliquescence, le bégayement, les tics, les contractions nerveuses de certains muscles, etc., etc...., font l'objet d'hypothèses aussi nombreuses que variées, toutes vagues et sans assise. Les unes prétendent que l'hérédité ne fait jamais grâce ; d'autres, qu'elle pardonne souvent à une génération, parfois à deux ; d'autres, que les mères lèguent leurs maladies à leurs fils, et les pères à leurs filles. Que sais-je ? — C'est le fouillis des contradictions, le chaos des suppositions ; c'est la Science infuse : vaniteuse, prétentieuse et présomptueuse. Chacun veut avoir raison.

La Vérité est plus simple : interrogez le père et la mère du sujet, objet du litige ; demandez-leur si la gestation de leur progéniture a été respectée, et à quelle époque de la gestation ils ont dérogé : *Il n'y a pas de fumée sans feu !* Evidemment, il est très délicat pour un médecin de diagnostiquer, à haute voix, sur un tel sujet, en présence de ses clients. Le secret professionnel, coutume éminemment respectable, les empêche de dévoiler la cause primordial du mal. Nul n'a le droit d'entacher la réputation individuelle de qui que ce soit, cepend.. .e mal est là flagrant, et *il faut lui opposer une digue infranchissable.*

En résumé, tous les phénomènes déplorés sont des maladies organiques dont les germes mettent plus ou moins longtemps à se développer, mais qui doivent éclater un jour ou l'autre ; et *si ces organes sont malades, c'est qu'ils ont été atteints, froissés, comprimés ou détériorés pendant la période de gestation,* alors qu'ils n'étaient encore qu'en formation.

Nuire à un membre de la Société (ou à un être en formation qui doit le devenir), c'est nuire à la Société elle-même ; et par la force immanente du retour des choses, la Société étant atteinte dans un de ses membres, le contre-coup revient frapper l'auteur du mal, qui est lui-même membre de la Société. C'est donc un devoir de dénoncer ce mal : c'est ainsi seulement que l'on peut prévenir d'autres malheurs dans l'avenir.

La *Stérilité* a toujours fait l'objet de discussions dont il n'a jamais été possible de tirer la moindre conclusion. La raison que j'en donne (le coît de la femme enceinte), n'apparaît-elle pas lumineuse devant cette constatation quotidienne que : d'un couple, ayant vécu maritalement pendant plusieurs années, et dont la stérilité passait pour notoire, malgré le désir réciproque des intéressés de procréer, la séparation amena la naissance d'un enfant dans chacun des deux nouveaux lits, de l'homme avec une autre femme, et de la femme avec un autre homme. — La volonté de ne pas avoir d'enfant n'est pas aussi unanime qu'on semble vouloir l'affirmer. Il suffit, pour s'en convaincre, de pénétrer dans l'intimité des ménages sans enfant. On constatera toujours que cette soi-disant prétention de ne pas vouloir avoir d'enfant, *cache* la désillusion, la déception et le chagrin de ne pas en avoir. Ce désir ardent d'avoir un rejeton portera au coït intensif avec l'idée faussement préconçue : *« Nous finirons bien par en avoir un aussi ! »* — N'est-ce pas là tomber de *Charybde en Scylla* ?

Et dans ces ménages, foncièrement honnêtes mais totalement ignorants (*ménages qui finissent à avoir un ou deux enfants dans l'âge mûr, alors que la fougue de la jeunesse est apaisée*), on y apprendra fatalement : les fréquentes indispositions de la femme, les espérances déçues, les fausses-couches et les fameux accidents *« inexplicables »*, dont j'ai déjà parlé, et que l'on taxera à tort d'avortements voulus.

La santé de la femme (enjeu de cette gageure, de ce défi à la nature), s'altère ; sa nervosité s'accentue ; les pertes blanches se multiplient, etc... *Hélas !* nul ne se doute de l'entrave apportée à l'évolution embryonnaire qui débute ou suit son cours, par ce coït de la femme enceinte. — *Dans le doute, abstiens-toi !*

Eh bien ! non ! il est inadmissible, invraisemblable et inconcevable, que les femmes se préparent, délibérément et de gaieté de cœur, à une vie de tourments, de souffrances, et dépourvue de tous les attraits qui font la raison d'être même de la femme ; la *Maternité !*

Les pratiques de malthusianisme sont rares, et même ignorées dans ces milieux. La vraie et unique plaie, c'est l'ignorance des faits naturels dénoncés ici.

On s'imagine communément que les malheureuses, qui se livrent à la débauche, n'ont pas d'enfant, parce qu'elles absorbent des drogues, ou pratiquent sur elles des manœuvres. — *C'est une erreur mondiale ;* c'est le coït intensif, le coït à tout prix, le coït à la vapeur, le coït continu, qui les rend stériles ; c'est l'assassinat perpétuel : *voilà le résultat de la débauche !* Les manœuvres ne se pratiquent, les drogues ne s'absorbent que lorsque l'embryon est devenu fœtus !!! et alors voilà l'avortement.

A qui ferez-vous croire que, les 2.000.000 de femmes françaises, en excédant sur le nombre de Français restant, ne préféreraient pas avoir un intérieur et des petites têtes à chérir (le seul vrai bonheur qu'il y ait ici-bas), plutôt que de rester célibataires, ou de se livrer au premier venu ? La femme, par sa nature même, aspire à devenir mère. Celle qui est dépourvue de ce sentiment (il peut bien y en avoir, puisque le vrai athée existe), est un être antinaturel, un monstre. La vie chère, les vicissitudes de l'existence, l'appréhension de l'avenir ne peuvent entrer en ligne de compte que par suite de l'insinuation perfide de ceux qui travaillent à la démoralisation et à la ruine de la France. L'idée des primes vient d'eux, pour masquer leur tactique néfaste, car l'expectative d'une prime ne fera pas plus accroître la natalité, que d'offrir 10.000 francs à un enfant de 5 ans ne lui fera passer l'agrégation à la fin de l'année ! — *Avoir l'air de faire quelque chose... sans rien faire.*

Les stériles-nés doivent être catalogués parmi les estropiés-nés. Il faut, pour les obtenir, que l'embryon (mais plutôt le fœtus) ait une position déjà tellement excentrique dans le sein de la mère, qu'un coït intempestif, dans cette position de « *découverte des organes génitaux du fœtus* » atteigne la prostate, ou les testicules, ou les ovaires.

En somme, la stérilité est plutôt imaginaire dans le plus grand nombre des cas où elle est supposée être ; et l'improduction est due au coït en état de gestation.

Il n'en est pas de même de la stérilité par accident. Ainsi, il est indéniable que les trépidations influent sur la prostate ; que, par exemple, les mécaniciens et chauffeurs de chemin de fer, montés sur une locomotive et un tender constamment en trépidation, pendant une longue période de 5, 10 ou 15 ans, n'aient les organes générateurs de semence fortement détériorés et atrophiés, ébranlés et congestionnés ; et que, par suite, la stérilité devienne un fait irrécusable. C'est en se dévouant à l'intérêt général, en consacrant leur vie au bien public qu'ils se « *désorganisent* » eux-mêmes et à leur insu. La sollicitude de la Société devrait rechercher une atténuation à ces funestes trépidations pour ceux qui rendent tant de services à l'expansion du Progrès et de la Civilisation.

A ceux qui reconnaissent l'existence de Dieu,

je rappellerai la terrible menace du *Décalogue :*
« *L'iniquité des pères sera punie sur les enfants jus-qu'à la 3e et 4e génération.* »

Aux chrétiens, je rappellerai que le Christ, répondant aux Pharisiens, leur disait qu'il suffisait de suivre la loi naturelle pour être sauvé.

Aux athées et aux antidéistes, je rappellerai qu'il y a une loi de nature, terrible, inexorable, qui fait expier non-seulement aux innocents les fautes de leurs pères, mais qui leur transmettra les moindres imperfections physiques, les plus légères affections, aggravées, grossies, et cela jusqu'à ce que la race, après avoir causé des désespoirs sans nombre, s'anéantisse en léguant à d'autres familles les germes de maladies organiques, qui mettront longtemps à se développer dans la nouvelle race croisée, et qui éclateront fatalement un jour ou l'autre, sous une forme quelconque, si, en même temps que le croisement se fera, une réforme des mœurs n'intervient pas pour enrayer le mal.

Jamais il n'a été plus à propos de répéter :
« Méfiez-vous de ceux qui vous encensent; flattent
« votre vanité et vos passions, et encouragent vos
« tendances humaines aux jouissances matériel-
« les. »

Jamais il n'a été plus à propos de prononcer les paroles de *Démosthène* :

« *Frappe, mais écoute !* »

Loin de notre cœur et de notre esprit, la calomnie, la médisance, la diffamation et l'insinuation. La calomnie est une infamie. La médisance, une lâcheté. La diffamation est la plus honteuse des turpitudes ; et l'insinuation est une perfidie. Mais n'est-il pas déplorable et révoltant de voir quotidiennement des hommes de grande valeur, de compétence et d'autorité indiscutables, se taire, se lamenter, ou propager le mensonge sur une question vitale pour le relèvement de la France ! La question : « *Sine qua nihil !* »

Voir son propre pays courir à sa perte, fait un devoir au citoyen qui s'en aperçoit, de prévenir ses compatriotes, quelles que soient les pierres qui lui soient jetées *par les envahisseurs !*

A quoi bon avoir des enfants,

si c'est pour les faire tuer ?
si l'on ne peut pas avoir les moyens de les élever ?

Ceux qui raisonnent ainsi tournent dans un *cercle vicieux;* et dénotent un état d'esprit voisin de l'idiotie complète. Ils ne raisonnent pas, et prouvent qu'ils ne sont même plus capables de raisonner par eux-mêmes. Ils acceptent, les yeux fermés, sans chercher à comprendre, les utopies, la sophistique, et toutes les conceptions malsaines, émises par des gens, payés par leurs pires ennemis pour les propager.

Ils peuvent être comparés au chien qui, à 2 mètres de sa soupe, tourne sur lui-même, pour attraper sa queue. Pendant ce temps, d'autres chiens, errants, ou de passage, lui mangeront sa soupe; les volailles et les petits oiseaux picoteront le restant;... et, quand ce malheureux chien, affamé, voudra apaiser sa faim, en se tournant vers son écuelle, il aura la désillusion, la déception et le chagrin de constater qu'elle est vide, et que sa soupe, sa convoitise, l'objet de ses rêves, s'est volatilisée !... Aura-t-il le droit de se plaindre ?... Et, ceux qui se plaignent de tout, et ne veulent pas d'enfant, ont-ils le droit de se plaindre ?

Non, mille fois non ! et rappelez-vous : *Carthage, Babylone, Byzance !* sans oublier *Vienne* et l'ancienne *Rome.*

D'abord, le nombre a toujours fait la force ; et refuser d'avoir des enfants, c'est refuser d'avoir la force *absolument nécessaire* pour imposer le respect des autres. « *La Raison du plus fort est toujours la meilleure,* a dit La Fontaine. » Et la Force primera toujours le Droit. Il est donc indispensable que ceux qui ont le droit aient aussi la force ; sinon, ils seront toujours brimés.

Si, avant 1914, au lieu de renoncer à avoir des enfants, les Français avaient produit seulement la normale, nous n'aurions pas eu la guerre. *La Russie :* personne n'aurait songé à l'attaquer, même sans armes qu'elle était, parce qu'elle avait le nombre, elle avait la force. — Ensuite, quelle mauvaise raison invoquée que celle de la difficulté des moyens d'existence ! On oublie cette maxime immuable : « *Tu gagneras ton pain à la sueur de ton front !* » Tous les êtres vivants sur cette terre ont leur nourriture assurée. Il suffit donc de la rechercher par le travail : malheureusement, le but que l'on se propose par le travail, c'est, et ce n'est, que la perspective de jouir, de se saturer de plaisirs. Cette attraction n'est due qu'à un sentiment d'égoïsme. Or, l'égoïsme n'a jamais fait le bonheur ; bien au contraire, il aboutit toujours à la déception. Concevoir le travail comme un moyen (le principal) de se rendre utile, procure une satisfaction intérieure du devoir accompli qui libère la conscience de toutes les entraves terrestres et bestiales, et fait acquérir une fierté légitime, en même temps que la tranquillité d'esprit nécessaire pour affronter courageusement le lendemain. Dans cette vie, *chercher à se rendre utile partout, en tout et toujours*, devrait être le seul stimulant au travail. La plus belle récompense que reçoit le cœur humain est la satisfaction de s'être rendu utile. — Bénéfices pécuniaires, Situation, Position, Aisance et Honneurs, viennent par surcroît et d'eux-mêmes. Il suffit d'avoir la patience, le courage et la persévérance.

L'égoïste devient viveur, débauché et sans courage. Il caractérise l'être nuisible. Le choix d'être utile ou d'être nuisible détermine le bien ou le mal. On n'est pas ici-bas pour manger, mais on mange pour vivre. On n'est pas ici-bas uniquement pour coïter ; mais on coïte pour engendrer la vie et la force. Les organes génitaux ont été conçus pour la reproduction, de même que le gosier a été imaginé pour recevoir les aliments nécessaires à la vie, et non pour s'enivrer.

Ne prétendez pas être sains d'esprit, vous qui avez le cynisme d'avancer de tels arguments.

Y a-t-il un moyen d'être plus nuisible à la Société que celui que je signale ? Le coït à outrance de la femme enceinte est criminel. Le coït à outrance, sur la femme qui ne l'est pas, désorganise l'appareil de reproduction par des chocs et des compressions réitérées, presque sans interruption, et pour ainsi dire continues. Ainsi malmenés, les organes reproducteurs se déforment, s'altèrent, se congestionnent, se tuméfient et s'atrophient. Ils finissent par devenir impropres au but pour lequel ils ont été faits : la *Fécondité*. C'est ainsi que la prostituée, tout particulièrement, se condamne à la stérilité.

L'emploi de l'alcool, des acides et des alcalis, par leur action néfaste et si grande sur l'albumine, sont essentiellement nuisibles à la reproduction. Il n'y aura donc jamais assez de mesures coercitives pour restreindre leur usage.

Ne pas vouloir avoir d'enfant ?... voici le mouvement de la population, en 1919, dans un centre assez conséquent :

Naissances : 395   *Décès : 719*

Et cependant, jamais les mariages n'ont été aussi nombreux. Pourquoi donc se marier ? — Le véritable but du mariage est la création d'un intérieur ; et qu'est-ce qu'un intérieur sans enfant ? — un enclos sans culture !

La Californie nous a envoyé trois étalons et 22 poulinières. Cette petite famille chevaline aura, j'en ai bien peur, une descendance plus grande, à elle seule, dans 15 ans, que la ville précitée, si elle ne s'amende pas. Un tel résultat comparatif est plutôt triste ! Ce n'est pas ainsi que l'on honorera nos morts de 1870 et ceux de 1914 à 1918. Ceux qui s'enorgueillissent des hauts faits d'armes, de la bravoure et de l'héroïsme des disparus, devraient songer qu'en ne voulant pas avoir d'enfant, ils infligent à nos morts le plus cinglant des affronts ; ils insultent à leur mémoire, en rendant stérile le sacrifice de leur vie, offerte en holocauste sur l'autel de la Patrie !

La version de la vie est ainsi criblée de contresens à chaque ligne ; et presque à chaque mot, il semble qu'on ait cherché à introduire un non-sens. Les dictionnaires de la raison et de l'expérience ne sont-ils donc pas suffisamment documentés ?

Qu'a-t-il été fait pour refréner les passions de la chair ? — Rien. Les attractions pour surexciter les sens ont même été perfectionnées et multipliées. Rien n'est plus aisé de démontrer et de prouver que le souffle initial de cette mentalité vient d'en-haut ; et que le peuple, qui a tout donné, le meilleur de lui-même, pour la défense de son territoire, n'est pas si coupable qu'il pourrait paraître ; car il se trouve entraîné par la pensée sournoise contre laquelle l'honnête citoyen ne peut rien, muselé comme il l'est par ses dirigeants.

Le trouble de ceux qui ont la gestion financière de la France, devant les gouffres ouverts tout autour de nous, leur suggère parfois de malencontreuses idées. Le besoin de parer d'urgence aux échéances leur a fait concevoir le projet d'établir des taxes spéciales sur les ratodromes, les combats de coqs et les corridas avec éventrement public. Ces attractions sont cependant interdites et sévèrement réprimées par la *Loi*. Quelle est cette inconséquence qui veut ignorer la loi ? Ce sont ceux qui sont chargés de l'appliquer qui prétendraient ignorer son existence ! Oh ! incohérence ! jusques à quand abuseras-tu de notre patience ?

Dans ces conditions, combien est-il aléatoire d'espérer une possibilité de la fermeture des repaires de gaspillage et de la déperdition ! Cercles et Clubs privés ou publics (il n'est pas question ici des Sociétés dont l'honorabilité est universellement reconnue), tripots clandestins où s'engloutissent des fortunes ; maisons de tolérance et autres lieux de luxure plus ou moins clos, où s'enseignent les méthodes du malthusianisme et autres, et où la santé physique ainsi que la santé morale de la population décline au point d'anéantir la famille d'abord, la race ensuite. Pourquoi tous ces repaires non seulement ne sont-ils pas interdits, mais pourquoi les voit-on se multiplier de plus en plus sous les formes les plus diverses ?

Parce que c'est toujours la crainte de voir s'évanouir les ressources budgétaires, récupérées par les patentes et impôts de toutes sortes, perçues sur ces établissements, franchement *reconnus d'utilité publique (O cynique ironie !)*, qui effrite les meilleures volontés pour le nettoyage de nos villes. Voilà ce qui fait obstacle à la suppression et l'interdiction de ces mauvais lieux. L'autorisation (et réglementation) officielle de ces bouges provoque

la création de bouges clandestins semblables, grâce
à des pots de vins et des redevances officieuses ; et
c'est ainsi que la question de sévir contre tous ces
foyers d'infections morales et physiques n'est
jamais tranchée.

« *L'argent n'a point d'odeur* » pour les consciences élastiques. Ce raisonnement n'équivau-
drait-il pas à dire : Il faut des médecins, donc il
faut provoquer les maladies, les contagions, les
épidémies. Il faut des chirurgiens ; donc il faut
provoquer les accidents, les fractures de membres
et les lésions internes !

L'argent n'a point d'odeur ; et cet argent provient
de la maladie qui anéantit la France, et l'amène à
son agonie. Il nous faut de l'argent : Provoquons
donc cette maladie, compliquons-la ; ainsi nos
rentrées pécuniaires seront plus fortes. Dans ces
conditions, oser parler de repopulation en offrant
de l'argent, toujours de l'argent, n'est-ce pas la
plus impudente des effronteries ? Pour avoir des
enfants, il ne faut pas surexciter les sens, au point
que les étrangers accourent chez nous pour s'amu-
ser avec nos femmes et nos filles, que vous avez
rendues hystériques.

Qu'est-ce que la femme ou la fillette seule ? —
Elle est un être incomplet ; il lui faut le sceau, le

cachet, l'empreinte de l'homme ; Père, frère, mari ou fils. — La veuve n'est respectable que si elle vit dans le respect de la mémoire de son mari ; à moins qu'elle ne se remarie. C'est donc l'homme qui a fait la femme actuelle. Lui, son protecteur, son soutien naturel, est devenu son exploiteur !

La considération, dont toute femme devrait être entourée, a disparu de nos mœurs parce que l'homme, méconnaissant tous ses devoirs, les plus élémentaires et les plus naturels, ne pense qu'à revendiquer ses droits, en déniant tout droit aux autres, même et surtout à la femme, dont il ne veut que pour « *faire joujou* ». On ne se marie plus pour fonder une famille et avoir des enfants : on se marie pour faire joujou !

La femme, froissée et blessée dans sa dignité, a conscience de l'abaissement où on la tient, se révolte, et s'en va faire joujou dans les bras du premier venu, de l'étranger qui accourt... pour faire joujou aussi !

Pour bien comprendre du cœur et des mœurs d'une nation, il faut d'une part la voir le jour où elle défend son territoire, et porter les yeux sur les chefs de l'armée : *Foch, Pétain, de Castelnau, Maunoury, Mangin ;* — et d'autre part, il faut observer sa capitale : Paris. — Le cœur du Français ne laissant aucun doute, voyons les mœurs de Paris.

Paris, ville du luxe et de la luxure, est désertée par les Français. Certaines rares attaches, familiales et commerciales, seules, les relient encore à cette nouvelle Babylone, à ce nouveau Constantinople. Faire un séjour à Paris, aller au théâtre, au cinéma, au dancing, suffit pour donner une nausée si profonde, que l'honnêteté n'a qu'un désir : quitter Paris au plus tôt. — *La rue ?* — Quel que soit le quartier, l'appréhension est telle, quand il faut aborder l'asphalte, que le désir d'être aveugle et sourd obsède les consciences ! — *Les enfants ?* — De toutes parts, ils sont repoussés comme des objets d'horreur. — *Pourquoi ? Pourquoi ? Pourquoi ? — Parce que la Femme n'y est plus respectée !*

New-York présente un aspect tout différent : la promiscuité des hommes et des femmes est sévèrement réfrénée, dans les restaurants et les cafés. — Les familles de 14 à 20 enfants y sont les plus nombreuses. La femme, de mauvaise vie notoire, a le droit de faire arrêter quiconque l'aborde dans la rue. A New-York, le respect de la femme est exigé ; à Paris, c'est à celui qui lui manquera de respect.

Vous ne voulez pas d'enfant ?... — Notre empire colonial, le deuxième du monde à l'heure actuelle, est peuplé uniquement d'étrangers ; puisque nous ne pouvons même pas peupler la France. S'étonner de la pénurie de nos exportations et de nos importations coloniales, c'est faire preuve d'inconscience. Les étrangers, peuplant nos colonies, sont naturellement portés à trafiquer avec leur mère-patrie. Rien n'est plus navrant pour un colonial français, en colonie française, de visiter la colonie voisine, à quelque nation qu'elle appartienne, et de faire la comparaison. Chez nous, tout y est laissé en friche ; chez nos voisins, la prospérité est partout. Nous dirons même que les étrangers, dans nos colonies, ont avantage de voir nos colonies sous notre propre protectorat ; car si elles étaient sous celui de leur propre pays, ils ne pourraient pas faire action de ventouses et de sangsues comme ils le font.

Quand des hommes et des femmes ont l'audace de déclarer qu'ils ne veulent pas d'enfant, la *Loi devrait leur retirer tout droit politique et civil ;* et tout couple qui n'aurait pas de progéniture devrait être montré du doigt comme *coupable de lèse-patrie ;* de même que tout homme ayant abandonné une femme ou une jeune fille enceinte de ses œuvres, devrait être condamné à *5 ans de tra-vaux forcés.*

Ces sanctions sont loin d'être exagérées, car un peuple qui émet ouvertement des propos aussi licencieux et aussi traîtres que ceux que l'on entend quotidiennement, ne mérite que le mépris universel ; et pour le ramener à la Raison, il faut des mesures *énergiques et radicales.* Le Gouvernement et les Chambres, qui n'appliqueraient pas de telles mesures, manqueraient à leur devoir le plus strict et trahiraient les intérêts vitaux qu'ils ont accepté de défendre.

Ah ! il est beau de prononcer des discours sans queue ni tête, à termes ampoulés ; de faire « *salade russe* » de gloire, d'immortalité et de progrès ; puis de recevoir ensuite les compliments de tout l'auditoire. A l'heure actuelle, il faut des *actes !*

Le Français serait-il donc devenu si aveugle qu'il ne verrait pas que, de ne pas avoir d'enfant, il n'est plus le nombre, il n'a plus de force ? — Qu'il commence à être tellement submergé que certaines lois et certains décrets, visant les propriétaires et les locataires, ont pour objet de le déposséder de ses propres biens, dans son propre pays, au profit de l'étranger ?

On vous vole, on vous pille et on vous chasse

de chez vous. La frénésie du sabotage est tellement contagieuse que vous prêtez la main à ceux qui vous dépouillent.

Vous ne voulez pas avoir d'enfants ? — Mais c'est le moment ou jamais d'en avoir le plus grand nombre. Eux seuls vous sauveront, eux seuls sauveront la France ! Dans la crise actuelle, ne pas vouloir d'enfant, c'est déchirer le drapeau tricolore, le jeter dans la fange, et le fouler aux pieds !

POURQUOI LA FRANCE

seule

A-T-ELLE UNE TELLE DÉPOPULATION ?

Le climat, l'alimentation et le genre de vie de chaque peuple influent considérablement sur la tendance au coït. C'est ainsi que l'Allemande, l'Anglaise et l'Américaine sont plus prédisposées que la Française à satisfaire leurs sens. Si la France est la nation dont l'acuité de la dépopulation est la plus grande, c'est que la vanité est en cause. *O vanitas vanitatum ! omnia vanitas !* N'entend-on pas, partout et toujours, vanter le génie français, sa supériorité intellectuelle, artistique et autres ? Finalement, le Français s'est cru un être supérieur à tel point qu'il a jugé inutile de s'astreindre à certaines lois qui auraient fait obstacle à la faiblesse de la chair. Ne se sentant plus de frein en la matière, il s'est abandonné à ses passions, sans songer qu'il amoindrissait, par cela même, celle qui devait être sa compagne. Le niveau social de la Femme, après être passé à zéro, a décliné vers le négatif, suivant la loi de la chute des corps.

En Allemagne, en Angleterre et en Amérique, au contraire, la femme est protégée par les lois. Elle est respectée ; la loi exige qu'elle soit respectée ; et quoique son organisme la rendrait là plus sujette à succomber, il existe une certaine retenue des mœurs, grâce à laquelle la population croît ou se maintient.

A force de jouer avec le feu, on finit par se brûler d'abord légèrement, puis grièvement, pour, à la longue, être complètement calciné. Telle est la progression des mœurs licencieuses qui tend vers l'infini, pendant que sa raison (ici la population), tend vers zéro.

En passant en revue tous les peuples de la terre, on constatera que beaucoup tombent dans d'autres extrêmes aussi lamentables, en cherchant le respect de la femme, et surtout de la femme enceinte : Siamois, Allemands et Berbères ont sombré dans la pédérastie ; Arabes et Chinois dans la polygamie.

L'attention des législateurs ne saurait être trop attirée vers ces questions de mœurs, pour, enfin ! résoudre le problème et sauvegarder la vitalité, la prospérité des peuples. La vie, si réputée, des anciens patriarches ne doit être, elle-même, étudiée qu'avec beaucoup de circonspection. Ainsi, Abraham, en chassant Agar et son fils Ismaël, après la naissance d'Isaac, a, poussé par Sarah, donné l'exemple le plus scandaleux et le plus reprochable qu'il soit !

Chasser son enfant, renier son propre fils, restera toujours, pour un homme, un crime et une lâcheté. Dans nos mœurs, toute opposition à la recherche de la paternité constituera une barrière au droit de l'enfant : donc, injustice ; et un encouragement à prendre la femme pour un joujou !

Cet enfant abandonné, cette mère méprisée et rejetée, seront l'opprobre de la Société ? N'est-ce pas la Société plutôt qui se couvre d'opprobre ? Et l'homme, assez veule pour se rendre coupable d'une telle infamie, pourrait lever la tête sans être frappé d'anathème !!!

De tels procédés appellent le châtiment ; car ces malheureux, injustement réprouvés, font leurs réflexions avec d'autant plus de profondeur et d'aigreur qu'ils sont tenus à l'écart comme des lépreux, et qu'en toute occasion, durant leur vie, leur lot sera d'être constamment et injustement humiliés.

Des utopistes s'imaginent qu'en donnant 60 francs

par mois, ils repeupleront la France ! Exigez donc le respect de la femme et la reconnaissance de l'enfant ; mais n'encouragez pas la lâcheté de l'homme ! et que ce respect de la femme ne dégénère pas en esclavage, comme dans la polygamie, avec les harems et la vente à l'encan.

Toutes les fois que les peuples sont arrivés au point culminant de la luxure, la dégénérescence de la race a toujours été très rapide ; la dépopulation s'en est suivie ; puis, l'invasion a anéanti le fonds de la race même, saccageant et pillant tout, confirmant qu'il y a toujours une Justice immanente ; et que ceux qui ne se respectent pas eux-mêmes ne sont pas respectés par les autres.

Dès lors, il est aisé de comprendre la tactique allemande, quand, après 1870, elle a tout fait pour exciter nos sens et nos passions, que Louis XV, avec ses mœurs licencieuses et son insouciance : « Après moi, le Déluge ! » avait attisées déjà au suprême degré par un exemple scandaleux.

L'origine de certaines mœurs apparaît alors lumineuse : L'invasion, avec toutes ses horreurs, détruit les mâles. Et l'excédent des femmes, dont l'état normal est devenu hystérique, se livre à des extravagances auxquelles Lesbos a donné son nom.

Au régiment, tout homme, atteint de maladie vénérienne, est tenu de se faire soigner, et de déclarer la ou les femmes susceptibles de lui avoir transmis sa maladie, sous peine de punition. Cette mesure disciplinaire a pour but d'empêcher et d'arrêter la contagion.

Pourquoi toute femme ou fille, enceinte et abandonnée, ne serait-elle pas tenue de déclarer le ou les hommes qui auraient abusé de sa confiance ? Pourquoi des peines stigmatisantes ne sont-elles pas prononcées contre ces hommes sans cœur et vicieux ? Nous avons prouvé que la prostituée de métier devient stérile, qu'elle le veuille ou non ; ce n'est pas la femme pervertie qui deviendra donc enceinte. C'est celle qui aura cédé à un caprice ; et la paternité sera alors facilement retrouvée.

Mais non ! les lois sont faites pour l'homme et contre la femme ! Et vous voulez que cette femme reçoive l'aumône de quarante sous par jour, pendant que l'homme ira autre part continuer ses crimes ! Étonnez-vous donc des infanticides et des avortements !

Les Deux Extrêmes

Les deux extrêmes se touchent et font autant de mal l'un que l'autre. Ils se complètent et s'unifient dans la malfaisance. Les loups ne se mangent pas entre eux, pas plus que le chacal et la hyène ne s'entredévoreront. Ils s'accorderont et se partageront même amicalement les bénéfices de leur rapacité, avec une entente cordiale stupéfiante, et sans aucun égard pour leur victime : *la vitalité de la race, la prospérité de la Patrie !*

Le malfaiteur vrai, nous l'avons dénoncé. A côté de lui, comme soutien, comme pilier, comme support, se trouve le collet-monté, le précieux ridicule, l'emmitouflé de pruderie !

« *O shoking enough !* » s'exclament-ils tous à l'unanimité, ces embusqués de la vie sociale, ces neutres de la civilisation. Pires, et plus malfaisants que le malfaiteur avéré lui-même, par leur encouragement de tacite hypocrisie, ils se dérobent derrière un masque d'honorabilité factice, d'un domino de mascarade, pour proclamer : « C'est vrai ! mais, taisez-vous, taisez-vous donc ! »

Pourquoi cette invité au silence ? — Nous terminerons leur argument, que, dans leur lâcheté bestiale, ils n'osent achever.

« *La Vérité n'est pas toujours bonne à dire, car*
« *les malfaisants profiteurs ne pourraient plus tirer*
« *aucun lucre de ce mal existant. Si la Vérité était*
« *proclamée, nous ne pourrions plus profiter, à*
« *l'aise, dans notre incognito d'honnêteté de façade,*
« *de cette maladie dont la France meurt ! Eh !*
« *qu'importe la vie de la France, si nous jouissons*
« *en cachette de son agonie !* »

Et s'ils objectent que ce jugement est téméraire, il suffira de leur faire observer que leur protestation même les accuse, si on avait pu avoir encore le moindre doute sur leur duplicité. Car, innocents et logiques avec eux-mêmes, non seulement ils ne protesteraient pas, mais ils se rangeraient sous la bannière de la Vérité.

« A bas les Masques ! » Vous ne voulez pas de la Vérité parce qu'elle vous accuse. Vous tremblez devant la manifestation de la Vérité parce que vous craignez de ne plus pouvoir vous abandonner dans la fange du vice, malgré le voile de fausse pudeur dont vous cherchez à vous recouvrir !

C'est ainsi que les plus hautes compétences et les plus grandes valeurs sont repoussées de partout, quand elles s'accouplent à la foncière honnêteté ; car l'honnête homme refusera toujours d'être complice d'une action que réprouvera sa conscience. Ce refus appellera des commentaires, et la logique fera découvrir le pot aux roses.

Malheureusement, les postes les plus humbles sont occupés par ceux qui ont besoin de leur emploi pour vivre et faire vivre leur famille. La conscience disparaît avec les derniers scrupules devant la nécessité de manger ; au bout de quelques générations la conscience est devenue tellement élastique qu'elle accepte toutes les compromissions les plus fâcheuses et les plus honteuses. La force de l'habitude, sur une pente aussi glissante et aussi abrupte, amène à craindre toute manifestation de la Vérité. Ce jour-là, le diplôme de Malfaiteur peut être décerné sans conteste. L'apparence n'est rien, la réalité est tout. C'est ainsi que les deux extrêmes se touchent.

Qui ne faute pas ? Qui ne succombe pas ? — La faute avouée est à moitié pardonnée ; mais il ne faut pas croupir dans le bourbier où l'on est tombé ! Il faut reconnaître sa chute, et se relever immédiatement, plus fort qu'avant ; car si on se laisse enliser, on ne tardera pas à devenir le malfaiteur qui craint la Vérité !

Le seul objectif, avons-nous dit, que doit avoir ici-bas tout homme sensé et raisonnable, est de « se rendre utile ». Cette simple tendance de l'esprit l'invite naturellement à l'honnêteté. Malheureusement, il se laisse dominer par l'égoïsme qui, lui, le pousse à satisfaire ses passions, ses appétits et ses inclinations, même au détriment des autres. Ce « même au détriment des autres » devient, à la longue, *surtout* au détriment des autres ; car, si, au début de la vie, il hésite à nuire à autrui pour se contenter lui-même, en constatant que ses tentatives illicites vers un « Mieux-Être », mal acquis, ne lui sont pas reprochées, ou ne le sont qu'avec timidité ou courtoisie, il s'enhardit jusqu'à l'insolence pour réclamer et exiger injustement ce qui ne lui est pas dû. Ce mouvement répréhensible devient une habitude. C'est ainsi que l'Homme oublie ses devoirs pour réclamer ses droits, le plus souvent des droits fort contestables. Prétendre que le coït pour l'homme est un droit au point d'être un abus, et que cet abus même est un droit, est l'opposé même du droit de vivre pour les autres. C'est le droit à l'assassinat des futurs citoyens avant leur naissance ; c'est le droit à la Dépopulation et à l'anéantissement de la Race !

Commerce, Industrie, Agriculture et Marine, ne

prospéreront que lorsque l'on reconnaîtra le droit à la vie pour tous. — Mazarin en présentant Colbert à Louis XIV, lui disait en mourant : « Je vous offre le joyau le plus précieux de la couronne, l'homme le plus intègre du royaume. » L'honnêteté de Colbert a tellement rayonné sur la France, que la France repeuplait, et la prospérité de la nation croissait toujours, malgré les dilapidations de Louis XIV et consorts. Puis vint Louis XV et sa débauche.

Ce qu'il nous faut, c'est un Ministère des Mœurs et de la Repopulation, tellement étroitement lié au Ministère de l'Intérieur, que ces deux ministères se confondent. Mais, il faut l'Homme de la Fonction, l'Homme Honnête, celui qui est repoussé de partout !

CONCLUSION

En 1901, un marchand d'antiquités, juif cossu, dont la rapacité cynique s'affichait sans pudeur, répondait avec fierté aux ironies qui lui étaient faites sur sa cupidité, de la façon suivante : « Par-« tout où il y a quelque chose à récolter, à glaner, « ou à prendre, il faut s'empresser de mettre la main « dessus, par tous les moyens possibles ! »

— « Mais, s'il n'y a plus rien, vous ne pouvez rien « prendre ! »

— « Oh ! Monsieur ! répartait-il scandalisé, il y a « a toujours quelque chose ! Voici un pou dont il ne « reste plus que les os, et dont on a enlevé la peau, et « extrait tout ce qui constituait la moëlle et la « graisse. Eh bien ! grattez, grattez ces os, grattez-les « encore, il en sortira toujours quelque chose, si petit « que ce soit. Grattez toujours ! »

Les excellents principes, émis par ce brave homme, donnent une idée exacte de l'état d'esprit qui préside aux destinées de la France. Jamais un Français n'a hésité devant son devoir pour payer l'impôt. Il est inutile de le dire ; mais, rappelez-vous que le 29 juillet 1910, 233 voix contre 159 ont affirmé leur volonté de ne pas contrôler nos budgets en repoussant l'article 6.

Il s'est trouvé des gens battus et contents de l'être ; ce serait la 1re fois que l'on verrait des gens volés et enchantés de l'être. Le Français n'a jamais lésiné pour payer son dû ; mais il ne veut pas que l'on jette son argent par la fenêtre sans compter. Il n'y a que celui qui n'a pas la conscience tranquille et qui projette de gaspiller le produit des impôts, qui, croyant ses intentions secrètes connues de tous, peut émettre un doute sur la rentrée des impôts. — Ne vient-on pas, avec la nouvelle Chambre, de demander 3 douzièmes provisoires avant d'avoir déposé un budget ?! — Et la commission du budget reconnaît qu'on aurait pu et dû y économiser 800 millions !

La France, qui bientôt sera peuplée de 40 Français contre 60 étrangers, ne pourra résister contre le flot envahissant que si elle repeuple. Le remède efficace peut encore être employé. Il n'est que temps ; l'urgence de la situation demande qu'on l'applique immédiatement. L'avenir de la France française est entre vos mains :

« Alea jacta est ! »

TABLE DES MATIÈRES

	Pages
Préface	5
Structure de l'œuf de la poule	7
Décadence — Dépopulation — Dégénérescence	27
Derniers arguments	55
Défi perpétuel de l'Humanité à la raison et au bon sens	71
A quoi bon avoir des enfants ?	83
Pourquoi la France, seule, a-t-elle une telle dépopulation ?	96
Les deux extrêmes	101
Conclusion	106

www.ingramcontent.com/pod-product-compliance
Lightning Source LLC
La Vergne TN
LVHW020543060726
842525LV00004B/1285